基于S-C-P范式的中国环境规制问题研究

张　成　著

苏州大学出版社

图书在版编目(CIP)数据

基于S-C-P范式的中国环境规制问题研究 / 张成著
.—苏州:苏州大学出版社,2013.3
ISBN 978-7-5672-0401-0

Ⅰ.①基… Ⅱ.①张… Ⅲ.①环境管理—研究—中国
Ⅳ.①X321.2

中国版本图书馆CIP数据核字(2012)第313094号

基于S-C-P范式的中国环境规制问题研究
张 成 著
责任编辑 张 希

苏州大学出版社出版发行
(地址:苏州市十梓街1号 邮编:215006)
南通印刷总厂有限公司印装
(地址:南通市通州经济开发区朝霞路180号 邮编:226300)

开本700 mm×1 000 mm 1/16 印张9 字数169千
2013年3月第1版 2013年3月第1次印刷
ISBN 978-7-5672-0401-0 定价:42.00元

苏州大学版图书若有印装错误,本社负责调换
苏州大学出版社营销部 电话:0512-65225020
苏州大学出版社网址 http://www.sudapress.com

出版资助

本书受到国家社科基金青年项目“我国碳生产率的估算、预测及任务分解研究”(12CJY008)、江苏高校优势学科建设工程资助项目和南京财经大学学术著作出版基金的资助。

前　言

改革开放以来，中国在经济领域获得了显著的成就，但在环境领域的答卷却不容乐观。虽然我国也在逐步加强对环境的保护和规制力度，但特殊的国情导致我国单位 GDP 污染物排放量是发达国家平均水平的 10 倍左右，以至于我国的世界环境绩效 EPI 得分和排名逐年下降，EPI 得分由 2008 年的 65.1 分(在参评的 149 个国家和地区中位居第 105 位)降至 2010 年的 49.0 分(在参评的 163 个国家和地区中排第 121 位)。日益恶化的生态环境及我国向世界做出的单位 GDP 碳减排量的郑重承诺形成了国内和国际的双重压力，迫使尚属于发展中国家的中国承担了既要经济有增长又要环境有改善的双重任务。这一现实引发了国内外学者的普遍关注。国内外学者围绕“经济和环境”这一主题，运用各具特色的研究视角、迥异的分析方法、不同的研究样本得到了并不十分一致的结论。

本书尝试在 S-C-P 范式的框架下研究中国的环境规制问题。为了研究这一问题，本书首先梳理了国内外的相关文献，然后对我国的环境规制历程和现状作了详细的介绍和分析，接着从理论层面分析了环境规制对市场结构、市场行为和市场绩效的影响，并利用面板数据方法对环境规制和市场绩效的关系进行实证检验。本书与国内外同类书籍相比，具备以下特色：

第一，从整体结构上来看，本书尝试从理论角度分析环境规制会对产业组织理论中的市场结构、市场行为及市场绩效分别带来何种影响以及其传导机制。如此系统的论证本身就是一个创新，鲜见其他学者做过类似的工作。

第二，从命题提出上来看，本书围绕环境规制和 S-C-P 范式系统地提出了六个命题，在这些命题中不乏一些较为新颖的观点。如在强度维度上，环境规制强度和企业治污技术进步之间符合正相关关系，即随着环境规制强度的逐步加强，治污技术水平亦逐步增强；而环境规制强度和企业生产技术进步之间则符合“U”型关系，即经过一个特定的时期之后，较弱的环境规制强度将降低先前的生产技术进步率，相反，相对较强的环境规制强度却能提高先前的生产技术进步率。

第三，从实证研究上来看，本书得出了一些较有现实意义的结论。如在第一个实证研究中，通过合理分组，笔者考察了 30 个省级行政区在 3 种污染物上的排放量和经济增长之间的EKC关系，重点在于将利用变截距模型求出每一个省级行政区的理论拐点值，再用各省级行政区的当前现实水平和理论拐点值进行比较，从而得出每个省级行政区在具体指标上究竟位于“两难”还是“双赢”格局；在第二个经验研究中，东部地区和中部地区的环境规制强度和生产技术进步之间符合“U”型关系，但是并未在西部地区发现在统计意义上显著的“U”型关系；在第三个经验研究中，环境规制和经济增长之间具备长期稳定的协整关系，且两者之间互为因果，并且环境规制强度的提高在长期要比短期更能促进经济的进一步增长。

本书可供产业经济学、环境经济学专业的学生、教师和研究人员使用，也可供政府相关部门决策者和其他社会读者参考。最后，本书所存在的不足之处，还望读者不吝赐教。

目 录

第一章 导论

第一节 选题背景

自1978年改革开放以来，中国在经济领域向世界人民展示了一份令人满意的答卷，无论是三十多年来年均高达9.8%的GDP增长率，抑或是二亿多绝对贫困人口的消除，都让人为之赞叹。但是，中国的经济增长，特别是20世纪90年代末的经济增长是一种粗放型的经济增长，这种增长方式主要是以投入大量生产要素和牺牲生态环境质量为典型特征的，从而注定了这种经济增长方式的"两面性"：既伴随着经济增长带来的喜悦，亦承受着环境恶化带来的恶果。

虽然中国政府是最早把保护环境作为基本国策的发展中国家之一，是《联合国气候变化框架公约》(1992年)和《京都议定书》(1997年)的缔约国和推动者，党的十七大更是把"建设生态文明"作为实现全面建设小康社会奋斗目标的新要求之一，但是由于我国的特殊国情①，导致环境保护措施的实施效果并不是十分理想，目前我国已经集中出现了国外发达国家上百年工业化进程中分阶段出现的环境污染问题。②

据相关统计，中国单位GDP污染物排放量是发达国家平均水平的10倍左右。污染物大量排放不仅使我国三亿多农村人口饮用不到干净的水，一亿多城市居民无法享受清洁的空气，三分之一的国土面积饱受酸雨侵袭，九成的天然草原逐步退化③，而且还会羁绊经济的进一步增长：中国每年因环境污染导致的经济损失就高达GDP的一成左右。④

---

① 我国的生态环境先天不足、后天失调，特别是传统实现工业化和城市化进程的模式本身就不可避免地会对生态环境带来多重压力。

② 张红凤，周峰，杨慧，郭庆．环境保护与经济发展双赢的规制绩效实证分析．经济研究，2009，3：14－26．

③ 李永友，沈坤荣．我国污染控制政策的减排效果——基于省级工业污染数据的实证分析．管理世界，2008，7：7－17．

④ 根据世界银行、中国科学院和中华人民共和国环境保护部的测算得出。

美国耶鲁大学(Yale University)和哥伦比亚大学(Columbia University)的科学家联合发布的世界环境绩效排名EPI(Environmental Performance Index)则进一步指出,2008年中国的EPI得分为65.1分,在149个国家和地区中位居第105位;2010年中国的EPI得分降至49.0分,在163个国家和地区中仅居第121位。如此的EPI得分与排名,一定程度上是由相对较弱的环境规制强度引起的。根据国际地球科学信息中心网的相关数据,2005年中国的环境监管强度在参评的146个国家和地区中仅居第115位。

对于我国而言,必须在达到生态环境承载"阈值"之前,及时提高环境规制强度。然而,我国还有大量的贫困人口,社会福利水平仍然相对较低,同时城市化和工业化目标尚未实现,这就意味着我国在实施环境规制的同时,还必须考虑经济的增长问题。基于此,如何较好地完成环境保护与经济发展这一双重任务无疑成为我国当前和未来经济发展过程中需要解决的最重要的问题之一。

国内外学者曾经一度以为,经济绩效和环境规制之间会呈现"两难"格局,这一结论的逻辑起点是:从静态的角度出发,加强环境规制必将提高企业的生产成本,从而降低企业的劳动生产率并削弱企业的市场竞争力。但这一观点受到了波特等学者的质疑①,从动态角度出发,认为合理的环境规制能激发出企业的"创新补偿"效应,从而不仅能抵消被规制企业的"遵循成本",还能提高其劳动生产率和国际竞争力。

"波特假说"的提出,让人们认识到在"经济绩效"和"环境保护"之间并不一定会呈现互相矛盾的"两难"格局,两者之间具备实现"双赢"格局的立足点和可能性。这一重要现实意义,引发了国内外学者的普遍关注。国内外学者围绕"经济绩效和环境"这一主题,运用各具特色的研究视角、迥异的分析方法、不同的研究样本得到了并不十分一致的结论。

那么,环境规制究竟会对经济绩效带来什么样的影响呢?这一影响和中国的现实吻合吗?中国的环境保护和经济绩效之间究竟是处于"双赢"抑或"两难"格局呢?中国如何才能趋利避害实现环境保护和经济绩效的"双赢"呢?这一系列问题正是当前国内外学术界讨论的热点和难点所在。

第二节　选题意义

基于上述现实和理论背景,在一个合理的研究框架内深入分析经济、社会和环境的相互关系越发显得重要。本书尝试在S-C-P范式的框架下,研究环境

① Porter, M. E. & Van Der Linde, C. (1995). Toward a New Conception of the Environment-Competitiveness Relationship, *Journal of Economic Perspectives*, 9:97—118.

规制的相关问题：即研究环境规制对市场结构、市场行为和市场绩效的传导机制及影响作用。

本选题具备重要的理论意义和实践意义：在理论上，有利于进一步完善环境规制理论和产业组织理论，特别是本书中提出的部分观点能够填补目前该领域的一些空白；在实践上，本书的一些发现和结论能够为国家创建资源节约型和环境友好型社会，构建人与自然、人与人之间协调发展的和谐社会，建设包括“生态文明”新要求在内的小康社会提供理论支撑和相应政策建议。

第三节　研究框架、主要内容与方法

一、研究框架

本书主体部分的框架结构如图 1-1 所示。政府实施的环境规制政策将会对市场结构和市场行为产生影响，市场结构的变化又影响企业的市场行为，而市场行为的变化最终会对市场绩效产生影响。同时，市场绩效又会对市场行为和市场结构产生反作用，而市场行为亦会对市场结构产生反作用。在分析环境规制对市场结构、市场行为和市场绩效的影响时，分别选取了代表性的视角来进行详细分析，如市场结构选取了产业集中度和“污染避难所”作为分析视角，市场行为选取了企业的直接治污行为和技术创新投资行为这两个视角，而市场绩效则选取了技术进步和经济增长两个视角来展开相应分析。

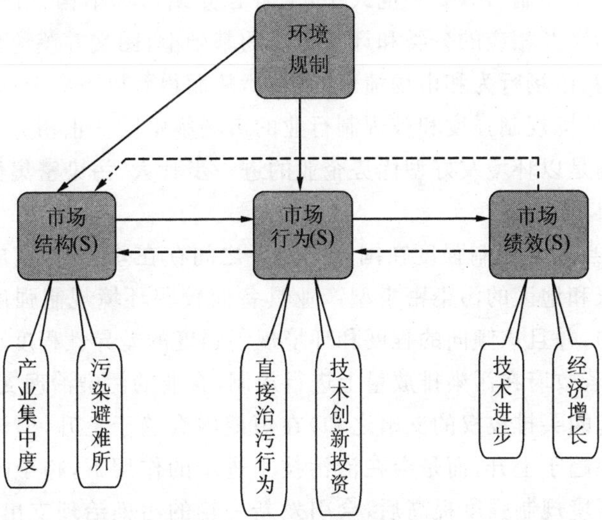

图 1-1　主体部分框架图

注：实线箭头表示决定关系，虚线箭头表示反作用关系。

二、主要内容

本书共分为六章：第一章导论对选题的背景和意义，研究框架、主要内容与方法，以及研究中存在的难点、创新性和不足进行了概述。

第二章文献综述分为三节，第一节对环境规制的定义、产生的原因以及环境规制的工具和效果进行了总结；第二节对产业组织的定义、理论渊源及其形成和发展进行了概述；第三节则梳理了国内外学者围绕"环境规制对市场结构、市场行为和市场绩效的影响"这一领域所做的研究，主要集中在环境规制与产业集中度、环境规制与"污染避难所"假说、环境规制与企业直接治污行为、环境规制与企业间接治污行为、环境规制与技术进步、环境规制与生产率和经济增长这几个方面。并对国内外现有研究进行了简评。

第三章中国环境规制历程及现状首先总结了我国的环境规制发展历程，并从时间和截面两个维度对我国的环境规制现状做了一个基本介绍，在此基础上，基于环境库兹涅茨曲线(EKC)对我国环境规制和经济增长的关系做了一个全面的分析。在基于 EKC 分析我国环境规制和经济增长关系现状时，笔者考虑到 EKC"同质"假设可能会影响经验分析的可靠性，故根据收入水平和工业化水平将全国 30 多个省级行政区划分成四个组别，基于分组后的实证研究得到了两个结论：(1) 环境污染和经济增长之间的关系具备多种表现形态，具体结果主要取决于组别和污染物指标的选取；(2) 全国组和四个分组的当前经济水平会给二氧化硫、废水和固体废弃物带来不同的内生性影响。

第四章环境规制与 S-C-P 范式中，笔者在介绍市场结构、市场行为和市场绩效的基本涵义及相应的分类和计量方法的基础上，图文并茂地分析了环境规制对市场结构、市场行为和市场绩效的影响，从而得到以下六个命题。

命题一：环境规制强度和被规制行业的市场集中度呈正相关关系。且这种集中度的提高是以环境友好型优势企业的进一步壮大、污染密集型劣势企业的逐步减少为典型特征的。

命题二：当环境规制强度在国家和地区之间存在差异时，实施严格环境规制强度的国家和地区的污染密集型产业具备向较弱环境规制强度的国家和地区转移的倾向，并且该倾向的程度和环境规制强度的差异性程度正相关。

命题三：若政府在污染排放量上进行规制，企业的污染治理支出(直接治理污染的支出和购买排放权的支出之和)在短期内会趋于上升，但该污染治理支出并不会无限趋于上升，而是会在治污技术进步的作用下，趋于收敛至某一稳态水平。当环境规制强度提高后，会引发新一轮的污染治理支出上涨，但亦会趋于收敛至某一新的水平。

命题四：当政府制定极弱的环境规制强度时，不会对企业的生产技术创新投资和治污技术创新投资带来显著影响，随着环境规制强度的逐步增强，生产技术创新投资额增长率会呈现先下降后上升的“U”型趋势，治污技术创新投资额增长率会呈现“J”型上升趋势。不过，总的技术创新投资额会呈现上升趋势，即总的技术创新投资额和环境规制强度正相关。

命题五：在强度维度上，环境规制强度和企业治污技术进步之间符合正相关关系，即随着环境规制强度的逐步加强，治污技术水平亦逐步增强；而环境规制强度和企业生产技术进步之间则符合“U”型关系。即经过一个特定的时期之后，较弱的环境规制强度将降低先前的生产技术进步率，相反，相对较强的环境规制强度却能提高先前的生产技术进步率。

命题六：在假设某一环境规制强度和形式合理的前提下，该环境规制政策在短期内会降低被规制行业的综合经济绩效，但在长期则能够提高被规制行业的综合经济绩效。即在滞后一定期限后，环境规制和综合经济绩效具备长期稳定的协整关系。

第五章实证研究是对环境规制与市场绩效关系的经验分析。这一章主要以中国工业部门的面板数据为研究样本，从实证的角度验证了环境规制对市场绩效的现实影响。该章由两个经验研究构成。第一个经验研究从强度维度角度验证了环境规制强度对生产技术进步率的影响。在经验分析中，首先根据1998—2007年中国30多个省级行政区工业部门的面板数据测算出生产技术进步率，并在考虑国际竞争程度、企业平均规模、所有制结构和污染密集程度四个控制变量的基础上，验证了环境规制强度对生产技术进步率的影响，经验分析结果表明：东部地区和中部地区的环境规制强度和生产技术进步之间符合“U”型关系，但在西部地区未发现在统计意义上显著的“U”型关系。第二个经验研究验证了环境规制和经济增长之间的关系。具体研究时，采取了协整分析方法，研究结果表明：(1) 环境规制和经济增长之间具备长期稳定的协整关系；(2) 环境规制和经济增长之间互为格兰杰因果；(3) 环境规制强度的提高能促进经济的增长率，并且这种提升作用在长期要比短期更为明显。这两个经验研究均在一定程度上支持了第四章提出的命题五和命题六的主要观点。

第六章总结与研究展望的内容较少，主要是对前文的研究进行了简要地概括，并提出了相应的政策涵义。最后笔者对自己未来的研究方向进行了展望。

三、研究方法

本书在研究过程中主要采用了以下几种研究方法：

(1) 理论分析与数理分析、实证分析相结合；(2) 定性与定量分析相结合；(3) 时间序列与截面分析相结合。

具体来说，本书在数理分析时运用了非线性规划和动态优化方法；在实证分析时运用了数据包络(DEA)、多元回归、单位根检验、协整和格兰杰因果检验等分析方法。

第四节　研究中的难点、创新性和不足

一、研究中的难点

本书在写作过程中主要存在以下难点:

1. 需要阅读大量国内外文献

由于本书的研究内容相对较多,主体部分开展了3个实证研究,而笔者为了在做每个经验研究时都能有所创新,就需要收集和阅读大量的国内外文献,这是一个耗时耗力的过程,而也正是这么一个艰苦的过程才为每一个实证研究的创新性打下了坚实的基础。

2. 需要学习多种计量方法

笔者在撰写本书之前,在计量方面并没什么基础,不过,这并未动摇笔者有志于撰写实证文章的决心。在撰写过程中,笔者学会了数据包络、多元回归、协整等多种较为常用的计量方法,这无疑是有压力才有动力的又一典型例证。

3. 需要查找和处理许多数据

在做实证研究时,需要很多样本数据,对数据的收集、处理过程是一件比较繁琐的事情。虽然部分数据可以从“中经网数据库”上下载,但该数据库并未包含本书中所有需要用到的数据,部分数据是笔者找到相关年鉴一个一个数值亲自输入的。同时,在数据处理时,根据本书研究的需要,采取了价格指数平减、永续盘存法等多种处理手法,这些工作无疑是相对繁琐的。

二、研究的创新性

通过查阅已有文献,本书可能存在以下创新点:

1. 从整体结构上来看

本书尝试从理论上分析环境规制会对产业组织理论中的市场结构、市场行为及市场绩效分别带来何种影响以及其传导机制。如此系统的一个论证本身就是一个创新,鲜见其他学者做过类似的工作。

2. 从命题提出上来看

本书围绕环境规制和S-C-P范式系统地提出了六个命题,在这些命题中不乏一些较为新颖的观点。如:在强度维度上,环境规制强度和企业治污技术进步之间符合正相关关系,即随着环境规制强度的逐步加强,治污技术水平亦逐步增强;而环境规制强度和企业生产技术进步之间则符合“U”型关系。即经过一个特定的时期之后,较弱的环境规制强度将降低先前的生产技术进步率,相

反，相对较强的环境规制强度却能提高先前的生产技术进步率。

3. 从实证研究上来看

本书中部分内容的结论有较为现实的意义。如在第一个实证研究中，通过合理分组，笔者将考察30多个省级行政区在3种污染物上的排放量和经济增长之间的EKC关系，重点在于笔者利用变截距模型求出每一个省级行政区的理论拐点值，再用各省级行政区的当前现实水平和理论拐点值进行比较，从而得出每个省级行政区在具体指标上究竟位于"两难"还是"双赢"的格局；在第二个经验研究中发现，东部地区和中部地区的环境规制强度和生产技术进步之间符合"U"型关系，但是在西部地区并未发现在统计意义上显著的"U"型关系；第三个经验研究中则发现，环境规制和经济增长之间具备长期稳定的协整关系，且两者之间互为因果，并且环境规制强度的提高在长期内要比短期更能促进经济的进一步增长。

三、研究中存在的不足

本书的分析过程中还存在着很多不足之处：首先，存在于对环境规制强度变量的选取上。目前文献中提供的几种用于度量环境规制强度的指标，均存在一定程度的缺陷，本书选取的指标也不例外。其次，受到数据、时间和精力的限制，并未对文中提出的每个命题都进行充分地经验验证，而仅仅是从实证的角度考察了环境规制对市场绩效的影响，即主要验证了命题五和命题六。最后，受个人水平和能力的限制，本书在研究视角、分析方法和研究框架上还存在较大的改进空间。而以上这些及其他未提出的不足之处恰恰构成了笔者未来研究和努力的方向。

第二章　文献综述

第一节　环境规制的相关理论概述

一、环境规制的定义

规制，亦称管制，是从英文 Regulation 或 Regulatory Constraint 翻译而来，规制的概念经历了从特殊到一般、从较为泛化到逐步走向专门化的过程。国内外已有学者从经济、政治、社会和法律等多角度对规制的概念进行了论述。从广义上来说，规制泛指一切对经济主体自由活动空间和行为方式的限制，这种限制可以来源于经济主体自身，也可以来源于经济主体之外的公共权威，或者来源于独立于公共权威的有关经济主体的联合。因此，规制根据规制力量的来源，可以分为"自我实施的规制"①和"权威机构实施的规制"②两种。

对"权威机构实施的规制"进行划分，一般可以划分为"经济性规制"和"社会性规制"两大类。日本学者植草益对经济性规制下过一个经典的定义，他认为，经济性规制是"存在着自然垄断和信息不对称问题的部门，以防止无效率的资源配置的发生和确保需要者的公平利用为主要目的，通过被认可和许可的各种手段，对企业的进入、退出、价格、服务的质和量以及投资、财务、会计等方面的活动所进行的规制"。进一步地，经济性规制又可以分为两种，第一种是对市场结构的构建和维护，如对市场集中度、进入退出壁垒的限制；第二种是对企业经济行为的监督和限制，如对企业定价行为和策略性行为等经济行为的规定。③

---

① 维尔特(Vietor)在 1994 年曾指出"自我实施的规制"在 20 世纪 20 年代之前的美国扮演过重要的角色。

② 随着 20 世纪 1929—1931 年美国经济危机的爆发和蔓延以及凯恩斯主义的出现和流行，公共权威机构的作用日益凸显，相应地，"权威机构实施的规制"逐步取代"自我实施的规制"而成为规制的主要形式。

③ Davis, K. & Lewis, M. (1992). Deregulation and Monetary Policy, in Current Issues in financial and monetary economics, London: Macmillan Education Ltd.

与经济性规制主要针对企业的经济行为不同，社会性规制[①]主要是指政府等权威机构为控制外部性（主要是负外部性）和可能会影响人身安全健康的风险而采取的行动和措施，它主要包括对各种污染物排放、产品和服务质量、工作场所安全性、收入分配乃至就业和教育机会等方面的规制。社会性规制经常要求企业提供产品满意标志等信息，公布工作安全标准和产品检验法规等规定，明确假冒伪劣商品等的索赔权利[②]，可以说，社会性规制主要是政府等权威机构为了保障消费者和劳动者的工作环境、生活环境而对企业做出的规制。

可以看出，环境规制属于社会性规制的一种，并且随着世界各国环境问题的日益突出和恶化，越发成为社会性规制的重要组成部分。概括地说，环境规制是政府或者权威机构为了保护环境而对生产、分配、交换和消费各个可能产生污染或影响污染治理的环节而制定的各种政策和措施。基于本书研究的需要，后文中的环境规制主要是针对工业部门的生产环节进行的。

二、环境规制产生的原因

环境问题危及全人类的生存和发展，究其产生原因，不同学者从经济、社会、技术等角度进行了分析。如果从经济学的角度出发，可以用外部性理论对其加以解释。

外部性理论最早由马歇尔（Marshall）提出，他在《经济学原理》一书中指出："我们可以把因任何一种货物的生产规模之扩大而发生的经济分为两种：第一种是依赖于该产业的一般发达所导致的经济；第二种是依赖于从事某产业的个别企业资源、组织和效率的经济。我们可以把前者称为'外部经济'，将后者称为'内部经济'。"[③]由于马歇尔提出"外部经济"这一概念是为了证明"看不见的手"这一经典理论是有瑕疵的，因而使得"外部经济"在当时被称为一个"空盒子"，因为人们很难从现实中找到与"外部经济"相对应的事实。[④] 但不论怎样，"外部经济"这一概念的提出，吸引了众多学者的关注，从而为外部性理论的发展和成熟创造了先决条件。

庇古（Pigou）于 1924 年在《福利经济学》一书中进一步对"外部经济"进行了充实和完善，最终形成了外部性理论。庇古在书中提出："我们必须分清两种

---

① 为了区分政府的两种规制行为，一般分为经济性规制和社会性规制，虽然从定义上看两种规制是有较大区别的，但在实践中两种规制行为往往是交织相连的。如政府在经济性规制中制定一定的进入标准，提高了企业的进入壁垒，但这种进入壁垒往往并不仅是经济性规制，而因具备保护环境等功效亦跻身于社会性规制之列。

② Swann, D. (1998). The Retreat of the State: Deregulation and Privatization in the UK and US New York, Harvester: Wheatsheaf, 14—21.

③ Marshall, A. (1920). Principles of Economics, London: Macmillan.

④ Clapham, J. H. (1922). On Empty Economic Boxes, *Economic Journal*, 32:305.

不同的边际净生产，也就是我所说的‘社会边际净生产’和‘私人边际净生产’。社会边际净生产是指在任何场合下，由于资源的增加所带来的物质或客观劳务的净生产增量的总和，而不管这些增量由谁拥有。……而个人边际净生产是指在一定场合下，由资源的增加所带来的物质或客观劳务的净生产增量的总和，并且此部分增量在出售前是由资源所有者拥有。在有些情况下，两者是相等的，在有些情况下，两者是不相等的。"同时，他还进一步指出"外部性"存在正、负两种情况，当"社会边际净生产"大于"私人边际净生产"时，会产生正外部性，此时政府应当对这些私人部门实行奖励和津贴，以鼓励厂商增加产量；当"社会边际净生产"小于"私人边际净生产"时，则会产生负外部性，此时政府应当对这些私人部门实施征税，以迫使厂商减少产量。通过政府的这种补贴和征税政策，就可以实现外部效应的内部化。①

庇古在以环境污染这一负外部性为例时，认为通过税收就能弥补社会成本和私人成本之间的差距，从而实现资源的有效配置，可以说庇古考虑了被污染者有不受污染的权利，而并未考虑污染者有排污的权利。也正因为此，科斯(Coase)在《社会成本问题》一文中基于交易成本为零这一假设，证明了庇古外部性理论的片面性。科斯在文中是以牛群数量和耕地数量为例进行阐述的。前提假设是交易成本为零，并且牛群走失时会损害农民的耕地。科斯认为，当法律赋予农民享有耕地不被损坏的权利时，牧民就会对被牛群损坏的耕地负责，如赔偿农民损失、修建防护牛群的栅栏(牧民主动替农民修建或者农民用获赔的资金自己修建)、减少牛群数量等，从而解决存在的外部性问题；当法律赋予牧民有自由放牧的权利时，农民就必须对可能存在耕地损坏问题自负其责，如主动修建防护牛群的栅栏、减少耕地数量、付钱给牧民请求减少牛群数量等，从而也能解决存在的外部性问题。由此可见，外部性问题产生的根本原因在于产权没有界定清晰，只要产权能够界定清晰，不论产权被界定给哪一方，在交易费用为零时，理性的经济人总会将外溢成本和收益考虑在内，在私人之间达成协议，从而使经济活动的边际私人净产值和边际社会净产值相等，消除外部性存在的根源，实现资源的有效配置。②

德姆塞茨(Demsetz)、鲍莫尔(Baumol)和奥特斯(Oates)等学者均对外部性问题做了进一步的探讨，从而使外部性理论不断丰富和完整。他们对外部性概念的概括，也被后人广泛采用。概括起来为：当某一决策者的决策行为影响了其他决策者的效用或者生产函数时，受影响的一方并未对其所受到的好处付费，或者受影响的一方并未获得赔偿以弥补其受到的损失，就产生了外部性

① 庇古的这些政策建议被后人称为"庇古税"。

② 科斯的这些理论被后人称为"科斯定理"。

问题。

环境污染问题产生的经济根源就属于外部性问题。情景一:企业在进行生产的过程中会产生污染问题,但企业在产量决策时,通过边际收益和私人边际成本的对比决定均衡产量A,但在边际收益和总社会边际成本(私人边际成本和污染产生的社会边际成本之和)相等时,产量为B,且产量A大于产量B,即当企业不受任何与污染物相关的规制时,其均衡产出大于社会均衡产出,并且并未对由于过多产出而带来的社会污染问题进行赔偿,从而产生了外部性问题。情景二:不考虑企业产量的问题,无论什么水平上的污染物排放量,都会对附近其他企业的劳动者、居民带来一定的损失,降低民众的生活质量,随着人们收入的不断提高,清洁的生存空间日益成为稀缺商品,也会产生对企业污染物进行治理的需求,但当产权不明晰时,污染物问题无从解决,相应地,也会产生外部性问题。情景三:当生产者或者消费者在对污染问题进行治理时,其他生产者和消费者会因此而受益,但当受益方不能对其所受到的好处付费时,会产生"搭便车"行为,治理方的治理积极性会受到伤害,这是外部性问题存在时不利于环境治理的一个例子。为了解决上述外部性问题,就需要将其内在化,环境规制应运而生。可以说,环境规制产生和存在的理由就是为了明确环境污染问题的产权,解决环境污染的外部性问题,满足人们对洁净空间、持续健康发展的需求。

三、环境规制的工具和效果

对于环境规制工具,不同学者有不同的分类。比梅尔曼斯-韦德克(Bemelmans-Videc)认为可以分为经济激励、法律工具和信息工具三种①;伦德韦斯特(Lundqvist)从组织、法律、物质、经济和信息五个角度对环境规制工具进行了分类②;世界银行(Word Bank)则把环境规制工具分为利用市场、创建市场、直接的环境规制和公众的参与四类;马士国则把环境规制工具分为命令—控制型环境规制工具、基本类型的市场化环境规制工具和衍生型的市场化环境规制工具三种。笔者较为认同马士国的分类,并借鉴其分类标准,同时在国内外其他相关文献的基础上对此分类中的环境规制工具做出简要介绍。详见表2-1。

---

① Bemelmans-Videc Marie-Louise, Rist R. C. & Vedung E. (1998). Carrots, Sticks & Sermons: Policy Instruments and Their Evaluation, New Brunswick: Transaction Publishers.

② Lundqvist, L. J. (2001). Implementation from Above: The Ecology of Power in Sweden's Environmental Governance, *Governance*, 14:319—337.

表 2-1 各种环境规制工具的分类和优劣比较

		进一步解释	优 势	劣 势
命令—控制型环境规制方式	排污量规制	对污染排放者的污染物排放总量进行限定	·具备一定的灵活性。虽然与排污费和污染排放权交易相比,灵活度仍然不足,但已经赋予企业在提高技术和降低产量等降低总污染排量方式上进行选择的权利	·不能有效控制全社会的污染总量。虽然该规制工具能限定单个厂商的污染总量,但不能控制企业总量,若单个厂商的污染排放量较低,但企业数量增加,则全社会的污染排放总量仍会较大 ·规制成本相对强制型技术规制成本而言较高。因为对于污染排放量的监督相对较难,不像监督技术那样容易 ·未能承担所有污染排放的责任。厂商只是将其污染量降低到标准之内,但未对标准之内的污染排放承担责任 ·固定化的治污水平。企业总是倾向于将污染排放量降低至规定水平的上限,缺乏继续降低排放量的动机
	强制型技术规制	对污染排放者采用特定的清洁技术种类、水平进行限定,或者对污染排放的区域、时段等条件进行限制	·监督管理成本相对较低。相对于污染排放量的监督来说,对于技术的监督难度相对较低 ·避免部分长期不可逆转污染现象的发生。对于部分行业来说,规制的目的是零污染,因为一旦发生污染,后果将不堪设想(核电站、化工等行业)	·灵活性较差、容易产生低效率。如企业不能通过其他低成本行为达到减排的目的,并且不能通过减排量交易在一个更广泛的空间里实现资源配置优化 ·有可能更不利于市场竞争。部分排污者更喜欢发证程序,以合法的形式增强了进入壁垒 ·未能承担所有污染排放的责任。厂商只是将技术水平提高至标准技术水平,但未能对标准技术时产生的污染排放承担责任 ·固定的治污技术。企业总是倾向于将技术水平提高到符合规定水平的下线,缺乏继续提高的动机

续表

		进一步解释	优 势	劣 势
基本类型的市场化环境规制方式	可交易排放许可	规制者首先在既定区域既定时间发放一定数量的排污许可或限额，并且这些许可具备可转让性	·能够控制一个地区的总污染排放水平。规制者通过事先发行既定额度的排污许可，从而在总量上控制了地区的总污染排放量 ·有利于提高资源配置效率。排放权的可交易性能够确保排污者之间的边际治污成本趋于一致，从而提高了资源的配置效率 ·灵活性较大。当厂商发现购买额外排污许可的成本低于自身减污的成本时，就倾向于从市场上购买排污许可权；当厂商发现购买额外排污许可的成本高于自身减污的成本时，就倾向于更多地减少污染排放，并将剩余的排放许可拿到市场上销售	·保障排放权许可的有效性具备一定难度。一个可行的可交易排放许可制度首先需要对单个厂商的排污总量进行核查，这往往是较难实现的，规制者经常会采取抽查的形式对厂商排放量进行监督，厂商就会在厂商抽查概率、惩处额度和偷偷排污之间进行选择 ·企业的边际减排成本具备很大的不确定性。由于可交易排放许可的价格是不确定的，并且由于减排者的成本最小化原则会驱使它的边际治污成本与排放许可的价格一致，从而导致企业边际减排成本的不确定性 ·存在治污水平固定化的可能。适度的可交易排放许可机制能够刺激排污者进行生产技术和治污技术的创新，以此从许可的交易中获利，但政府若不能针对技术水平对许可数量做出相应调整，则治污水平倾向于固定化
	排污税	国家为了限制环境污染的范围和程度，对经济主体的排污行为征收的特别的税种。一般来说，经济主体的污染排放量越大，被征收的排污税就越多	·具备一定灵活性。赋予厂商在投入品替代、末端治理和缩减产量三个基本减排方式上选择的空间，有利于厂商结合自身特点自由选择 ·企业边际治污成本的确定性。基于成本最小化原则，排污者倾向于将排污量降低至边际治污成本和边际排污税相等时的水平，为此，企业是可以预见污染的边际治理成本的	·排污者的成本负担较大，更易遭到利益集团的政治反对。类似于拍卖型的排放许可，相对于无偿分配型的排放许可，将会给企业增添较大的成本负担，大大降低了企业的生产剩余，从而容易遭到企业利益集团的政治反对 ·存在治污水平固定化的可能。排污税能刺激企业进行生产技术及治污技术创新和采用先进的治污技术等行为来降低排污税，但政府若不能针对现实及时提高排污税率，则排污税的刺激作用会趋于下降甚至消失。而现实中的排污税率趋于稳定 ·存在一定的监督成本。类似于排污量规制，政府需要对每个厂商的排污量进行核查，这存在一定的难度 ·不能明确控制地区的排污总量。由于厂商可以在交税和减排之间进行均衡选择，因此其最终的排污总量是难以预测的，而一个地区的污染总量更是难以预测

续表

		进一步解释	优　势	劣　势
基本类型的市场化环境规制方式	补贴和削减补贴	政府通过信贷优惠和税收支出等方式对倾向于使用清洁投入或技术的厂商实施补助，即补贴；相对地，对倾向于使用污染密集型投入或技术的厂商减少补助，即削减补贴	·在很大程度上，补贴和削减补贴机制类似于排污税，两者往往是等价的	
衍生型的市场化环境规制方式	次优的投入税和产品税	当直接监督污染排放量因成本较高等因素而不可行时，可以基于污染物和投入品及产品之间的技术关系，对厂商的投入品和产品进行征税，这种规制方式有时被称为“假定税”	·监督执行成本相对较低。在发展中国家和经济转型国家，政府较难对每个排污者的污染排放量进行准确度量。而对投入品和产品的度量则相对容易，此时政府根据固定的技术关系就可以推断出厂商的排污量，以此来征收投入税和产品税 ·举证角色的转变。在其他规制工具中，一般是政府对排污者进行核查，证实其排放量或技术水平是否达标。而在这里，是排污者主动证明其采用了清洁生产技术，以此来实现投入税和产品税的降低乃至豁免	·短期内缺乏对技术进步的有效激励。投入税和产品税缺乏对厂商生产技术创新和治污技术创新的有效激励 ·缺乏对污染治理的激励效应。在仅有投入税和产品税时，厂商一般不会主动对产生的污染物进行治理，此时，一般需要其他环境规制工具的配合，如强制安装各种治污工具等
	押金—返还机制	这是一种主要针对消费者制定的环境规制工具。当消费者购买易产生污染的商品时，需先缴纳一定的押金，若事后消费者将产生的污染物收集并退还则可得到押金退款，否则不予退还	·自我证明机制的有效利用。政府避免了对商品使用时产生的污染物的不合法处理的监管，消费者为了获取事先缴纳的押金，将会自主收集和退还商品使用后产生的污染物。特别是能有效规制一些危险废弃物的不当处理	·会产生一定的社会成本。首先，需要商户腾出部分空间用于回收消费者退还的污染物。其次，消费者需要一定的鞋底成本去退还污染物。也正是因为这些社会成本，该机制往往仅被应用于部分危险废弃物上

续表

		进一步解释	优　势	劣　势
衍生型的市场化环境规制方式	税收—补贴机制	通过税收和补贴的结合来鼓励减排行为。政府首先设定一个基准排污量，当厂商的排污量高于该基准时，则需要对多出的排污量纳税，当厂商的污染排放量低于该基准时，则可以获得一定的补贴	·当基准排放量为零时，税收—补贴机制就变为排污税机制；当基准排污量制定的低于当前排污量时，则该机制就变为补贴机制。虽然排污税机制和补贴机制在实施效果上往往是类似的，但两种机制的合理结合，一是可以避免单纯环境税引致的政治反对，并且可以避免单纯补贴引致的高额支出；二是通过调整税率和补贴率的有机结合，形成促进厂商减排的双重力量	
	排污费—返还机制	这是一种主要针对生产者制定的环境规制工具。政府事先对产生污染的厂商征收一定的排污费，事后根据某些测量值（如排污量、产量等）部分乃至超额退还事先征收的排污费。高于平均排污水平的厂商支付净支付，低于平均排污水平的厂商获得净收益	·能够比实施排污税机制获得更低的价格和更多的产出。部分清洁厂商的退费获利有利于限制价格的高幅度上涨，同时产出也比排污税机制下的产量更大 ·为制定高规制水平创造可能，而不容易激起政治反对。相对于排污税来说，排污费—返还机制能够让部分厂商获利，容易得到部分厂商的支持，从而降低总体的政治反对 ·对技术创新、减排等行为产生激励。由于政府往往是根据市场平均水平作为退费的标准水平，该机制有利于刺激厂商努力成为优于平均水平的那一部分，以此推动行业整体减排量的提高	·事先征收的巨额排污费，可能会对部分厂商的资金链带来压力。由于排污费事先征收，虽然根据其排污状况有可能退还给厂商，但不论如何事先征收的巨额费用会对资金链并不宽裕的厂商增加压力和负担 ·存在一定的监督成本。在这种机制下，政府依然需要耗费成本对每个厂商的排污量进行核算。但如果是对产量等其他指标进行核算，并根据固定技术水平计算出其排污量则能降低相应的监督、核算成本

第二节　产业组织理论的相关理论概述

一、产业组织的定义

产业组织是产业组织理论的研究对象，要理解产业组织的涵义，首先必须分别理解“产业”和“组织”的定义。

不同学者对“产业”有不同的定义，按不同角度可分为以下三种：第一，根据生产经营对象划分的大产业概念，如三次产业、工业、农业等物质生活部门的区分，这是最粗略的划分。第二，根据生产出来的产品性质划分的产业概念，如工业当中的生产资料生产部门和消费资料生产部门大体上可以区分为重工业与轻工业及其细分；农业中的种植、养殖业等及其细分。第三，根据产品特点及替代关系程度把产业进一步地细分，把生产同类商品或者提供相同服务的厂商在同一市场上的集合称为产业。

“组织”的涵义也是多角度的，概括起来，一般有以下三种：第一，指按照一定的目的、任务和形式予以编制，如作为企业管理职能之一的组织，某项工程建设或某项活动的组织等。在这里，组织通常是作动词用。第二，指形成的形式，如各种党派、团体、企业、学校、医院、家庭、军队和国家政权等。第三，指组成部分之间的关系，如市场专业化和分工组织等。

“产业组织”中的“产业”，一般指三种产业定义中的最后一种，即生产同类商品或者提供相同服务的厂商在同一市场上的集合。如根据我国工业产业划分标准，可以将工业部门进一步划分为煤炭开采和洗选业、农副食品加工业、纺织业、医药制造业、金属制品业等。

至于“产业组织”中的“组织”，一般指三种组织定义中的最后一种。事实上，“组织”在经济学中的应用，最早是由马歇尔于1890年在《经济学原理》一书中提出。在书中，马歇尔认为组织是能够和土地、劳动和资本三个生产要素并列的第四个生产要素。具体的理由是：组织能够强化知识，通过优化企业内部、不同企业间以及不同产业间的各要素的配置来提高效率。①

将上述“产业”和“组织”的概念结合起来，就可以得到“产业组织”的涵义。产业组织是指在同一商品市场为单位划分的狭义的产业中，企业之间的资源配置结构及关联关系。把产业组织作为研究对象的学科是产业组织理论，具体来说，产业组织理论主要研究在同一产业中，资源在不同企业间是集中抑或分散、企业间的关系属于竞争还是合作以及产业组织的效率高低。

二、产业组织的理论渊源

国内外学者一般认为，古典经济学家亚当·斯密（Adam Smith）关于市场竞争机制的论述是产业组织理论最早的思想渊源。亚当·斯密在1776年出版的《国富论》一书中，论述了竞争机制决定的价格体系能够实现最优的市场秩序和经济效率，从而提出“看不见的手”这一经典原理，同时，他还指出分工有利于

① Marshall, A. (1920). Principles of Economics, London: Macmillan.

提高生产效率，蕴含着合理的生产组织能够提高社会资源的利用效率这一思想。

不过，最早明确地把生产组织这一概念引入经济学研究范畴的是新古典经济学家马歇尔。1879 年，马歇尔和夫人合著了《产业经济学》一书，书中的第七章第一次将产业内部的结构定义为产业组织。随后，1890 年，马歇尔在《经济学原理》一书中论述生产要素问题时，指出组织能够强化知识，通过对企业内部、不同企业间和不同产业间的各要素的合理配置来提高效率，因此，组织是萨伊生产三要素（劳动、资本和土地）之外的第四大生产要素。在此基础上，马歇尔在《经济学原理》一书中还对产业组织的一些基本概念和基本问题做了系统的论述。如对分工、规模经济（内部规模经济和外部规模经济）、经验管理专业化、产业的区域集中等问题均做了专门的论述。

在论述规模经济问题时，马歇尔发现，自由竞争会引起规模上的扩大，形成规模经济，从而提高企业的生产效率，降低单位产品的生产成本，提升市场集中度。但随着市场集中度的不断提高，垄断日益凸显，这必将会破坏价格机制，从而损害自由竞争，降低资源配置的效率，使经济丧失活力。因此，规模经济和垄断之间存在一种两难困境，这一发现被后人称为“马歇尔冲突”。针对这一矛盾，马歇尔还指出垄断不会无止境的蔓延，规模经济和竞争是能够实现平衡的，因为任何企业都必经“生成—发展—衰退”这一发展历程，企业自身的生命周期将使因集中度扩大导致的垄断不会永远存在。① 由于马歇尔在书中对规模经济和竞争的冲突问题做了系统论述，而现代产业组织理论研究的核心问题就是如何在利用规模经济效应的同时又能适当保持市场的竞争力。因此，马歇尔被后人看做是产业组织理论的奠基者。

马歇尔的研究吸引了诸多学者的关注，其中有对其理论的批评，也有对其理论的支持和丰富。如英国剑桥大学斯拉法教授（Sraffa）等经济学家就不同意马歇尔的相关理论，以收益边际递增规律和完全竞争这一前提假设相矛盾为突破口，对马歇尔的理论进行抨击，引发了关于“马歇尔冲突”的一场理论辩争。而美国经济学家张伯伦（Chamberlin）和英国经济学家琼·罗宾逊（J. Robinson）在 1933 年分别出版了《垄断竞争理论》和《不完全竞争经济学》，不谋而合地提出了不同于传统竞争概念的垄断竞争理论。他们认为：传统的经济学认为现实的市场不是属于自由竞争就是属于完全垄断，这是极其片面的。事实上，在现实中往往存在着介于自由竞争和完全垄断之间的中间形态，即垄断竞争。张伯伦还以垄断因素的强弱将市场结构分为多个类型，并对每个市场

① Marshall, A. (1920). Principles of Economics, London: Macmillan.

类型的特点做了相应分析。垄断竞争理论为产业组织理论的创立和发展奠定了理论基础，是产业经济学最重要的雏形之一。

鉴于马歇尔、张伯伦和罗宾逊在产业组织理论上的贡献，许多产业组织理论教科书都把马歇尔、张伯伦和罗宾逊三位学者奉为产业组织理论的鼻祖。

三、产业组织理论的形成和发展

1. 哈佛学派

20世纪30至60年代，美国哈佛大学成为产业组织理论研究的中心，张伯伦、梅森(Mason)和贝恩(Bain)等人展开了对多种产业市场结构和企业行为的实证研究。1959年，贝恩出版了《产业组织》一书，该书是第一本系统阐述产业组织理论的著作，从而标志着产业组织理论的形成。继贝恩之后，谢勒(Scherer)等学者又对该理论做了进一步深化，从而形成了完善的"结构—行为—绩效"(S-C-P)分析框架。

以贝恩为代表的哈佛学派认为，产业组织理论涉及三个基本范畴：市场结构、市场行为和市场绩效。其中，市场结构是对竞争的性质和市场定价具备战略性影响的市场组织特征，如买方集中度、卖方集中度、进入退出壁垒和产品差异化程度等；市场行为是企业为了在市场上获得更多的利润和更高的市场占有率而采取的策略和行为，如企业的定价行为、产品差异化行为、策略性行为和组织协调行为；市场绩效是某一产业市场运行效率的综合，不仅包括经济绩效，也包括社会绩效。如生产效率、利润率、产品绩效、技术进步等经济绩效和社会公平、就业水平等社会绩效。

哈佛学派认为：市场结构、市场行为和市场绩效之间存在着因果关系，即市场结构决定着企业的市场行为，企业的市场行为又决定市场绩效。而市场结构则取决于一些外生的基本条件，如消费者需求、规模经济、替代弹性等。① 在S-C-P范式分析框架中，哈佛学派的学者主要是运用案例和计量方法来对结构(S)、行为(C)、绩效(P)之间的关系进行研究和验证，可能是出于度量方法上的考虑，哈佛学派在选择集中度和利润率分别作为度量市场结构和市场绩效的主要指标的基础上，着重研究了集中度和利润率之间的关系，提出了"集中度—利润率"假说，即当一个行业中的集中度较高时，市场中现存的少数寡头企业倾向于通过合谋等行为削弱市场竞争程度，从而产生较高的利润率。

哈佛学派的S-C-P范式分析框架蕴含着清晰的政策涵义：为了保持高水平的市场绩效，就必须对决定市场绩效的市场结构进行管制，政府应当通过实施企业分割、禁止兼并等措施来调整和改善市场中的不合理结构，瓦解、限制或者

① Bain, J. S. (1968). Industrial Organization, New York: Wiley & Sons.

预防垄断势力，促进市场保持有效的竞争格局。

尽管学者们后来发现，市场结构、市场行为和市场绩效之间并不是一种简单的单向因果关系，而是一种双向的、互相影响的复杂关系，但哈佛学派建立的S-C-P分析范式，为早期的产业组织理论研究提供了一套可行的基本分析框架。并且由于哈佛学派的相关理论迎合了当时美国政府的需要①，对当时的公共政策产生了重大的影响，从而一度成为产业组织的主流理论。

2. 芝加哥学派②

第二次世界大战后，美国在国内严格实施了以哈佛学派的产业组织理论为基础的反垄断政策。但是，美国在世界上领先的部分产业，如钢铁、汽车等领域的国际竞争力每况愈下，逐步引起美国政府和经济学家的思考，基于哈佛学派产业组织理论的行业管制政策是否真的有效？是不是由于在国内市场上实施了严格的反托拉斯法规，从而抑制了美国本国企业的扩张和国际竞争力？正是借着美国政府和经济学家对哈佛学派理论质疑的时机，以施蒂格勒(Stigler)、德姆塞茨(Demsets)、波斯纳(Posener)等学者为代表人物的芝加哥学派日益崛起并取代哈佛学派在产业组织领域占据主流地位。③

首先，施蒂格勒修改了由贝恩创设的进入壁垒理论。贝恩认为，与潜在进入者相比，进入壁垒是指市场现有企业所具备的各种优势。但施蒂格勒认为进入壁垒是新进入企业必须承担、而市场上现存企业不需承担的成本，即新企业比老企业多承担的成本。这样，规模经济、范围经济、资本量等在施蒂格勒眼中不再成为进入壁垒，从而突出了政府规制所构成的人为进入壁垒。

其次，芝加哥学派并不认同哈佛学派的“集中度—利润率”假说。芝加哥学派认为，即使市场中存在高集中度现象，虽然企业会因为拥有垄断势力而赚取了超额利润，但这种现实不会是常态，而只是市场处于非均衡状态时的暂时现象，只要政府不人为设定进入壁垒，超额利润的存在会吸引潜在企业的进入，从而最终会导致超额利润的消失。

再次，芝加哥学派不认可哈佛学派S-C-P范式的逻辑顺序。芝加哥学派认

---

① 20世纪30年代之后，兼并活动在美国日益复苏，特别是60年代混合兼并浪潮的到来，让美国政府需要对反托拉斯法规进行修正，以此来限制企业的兼并和垄断行为。

② 与芝加哥学派同时代存在的还有新奥地利学派，代表人物为熊彼特(Schumpeter)等。新奥地利学派的理论和政策主张在新自由主义阵营中属极端，不过，在涉及产业组织理论这一领域，新奥地利学派和芝加哥学派的观点是类似的，都主张政府的自由放任政策，强烈反对政府的经济干预，抨击行政垄断。同时，新奥地利学派认为自由竞争导致的垄断是合理的，因为垄断导致的垄断利润能够为技术发展和进步提供资金支持。

③ 1969年，施蒂格勒出版了《产业组织》一书，该书的出版标志着芝加哥学派在理论上的成熟。1982年，施蒂格勒获得了诺贝尔经济学奖。

为,不是市场结构决定市场行为,从而进一步决定市场绩效,而是市场绩效和市场行为决定了市场结构。进而,芝加哥学派指出,只要市场绩效是好的,政府就没有必要去关心市场结构和市场行为,即使出现了高集中度和垄断现象,也并不会进而损害竞争,高集中度和垄断现象的出现恰恰是有效竞争的体现。

总之,信奉市场制度和价格理论的芝加哥学派反对哈佛学派所主张的市场结构调整政策(如对集中度的直接干预、对大企业进行分割和对并购行为的严格控制等),认为上述政策会破坏经济增长和效率提升的源泉。因而,芝加哥学派强调的是政府应当降低对产业经济活动的干预程度,赋予企业和私人足够的自由经济活动空间。芝加哥学派的相关理论对当时美国政府的相关决策产生了重大影响,在20世纪80年代的里根政府执政期间,美国政府对反托拉斯方面不再激进,而是采取了缓和与自由放任的态度,对先前起诉的埃克森石油精炼公司案和IBM公司案等均以司法部的撤诉而告终。

3. 新产业组织理论

自20世纪70年代开始,产业组织的发展进入了理论的迅速发展期,理论模型逐步取代了统计分析而占据主导地位。学者们运用数理经济学、博弈论和福利经济学等方法来对产业组织进行理论分析,其中最著名的莫过于交易费用理论、中间组织理论、可竞争市场理论和博弈论。

(1) 交易费用理论和中间组织理论

1937,著名经济学家科斯在《企业的性质》一文中最早提出了交易费用的概念,并首次将其用于解释产业组织。科斯认为,企业和市场是两种不同的交易体制,但这两种交易体制又是可以互相替代的,决定企业和市场边界的关键因素则是交易费用。当市场交换存在交易摩擦并且较大时(如价格搜寻成本、谈判成本、监督成本等),企业则会出现,因为企业的内部化交易有利于避免交易费用的支出。但企业的边界不会无止境的扩大,因为企业的组织也是需要成本的,当企业的规模扩大到通过内部化交易减少的成本等于企业规模扩大引致的边际管理成本时,或者说当企业多组织一项内部化交易的成本和在市场上进行交易带来的成本相等时,企业就会停止扩张规模,此时就是企业和市场的静态均衡。①

20世纪70至80年代,威廉姆森(Williamson)在科斯的基础上,对交易费用理论做了进一步的研究。威廉姆森从人为因素和环境因素两个角度阐述了交易费用是如何产生及影响经济组织结构的。其中,人为因素是有限理性和机会主义倾向,而环境因素则是交易所涉及的不确定性和企业的数量。当人为因

① Coase, R. H. (1937). The Nature of the Firm, *Economica*, 4: 386—405.

素和环境因素同时存在时，就会存在严重的契约制定困难，因为制定一个能应付所有偶然性的合约不是太难就是成本太高，此时，企业倾向于内部生产，以此来避免依赖市场导致的巨额交易成本。如果环境因素中的不确定性较小，且市场中的企业较多，同时机会主义倾向又较小时，企业依赖市场的成本就会相对较小，此时企业才有可能不依赖于内部化交易转而依赖市场。

威廉姆森在基于人为因素和环境因素的种种匹配可能，建立特定的交易类型和经济组织之间的最优匹配模型时，发现经济活动往往处于市场和企业的模糊边缘，此时，就需要有一种介于企业和市场之间的双边、多边乃至交叉的混合型组织来对此进行调节，这种混合型组织就是后来中间性组织的最早萌芽。

20 世纪 80 年代初，日本学者今井贤一在分析组织和市场的关系时，最早提出了“中间性组织”的概念，他认为中间性组织是一种介于市场和组织之间的新形态，不仅具备市场的特点，而且具备组织的特点。中间性组织中的各个成员拥有一定的独立性，可以自由进入或退出，但成员之间的关系在某种保障机制的作用下具备一定的长期性和利益关联性。之后，丸川知雄和杨小凯等国内外学者都在各自研究中涉及了“中间性组织”这一概念。概括起来，中间性组织理论认为，中间性组织能在外部市场交易和企业内部交易均存在不同程度的失灵时起到替代作用，中间性组织能够像企业内部交易一样节省外部市场交易带来的巨额交易费用，而且还能避免建立新的内部组织产生的组建成本（企业并购）和维持庞大内部组织的协调维持成本。中间性组织具备节约交易费用、促成外部经济、避免组建协调成本、优化外部环境等功能。一般来说，中间性组织的形式有很多种，如特许经营、行业协会、战略联盟、企业集团化、服务外包、网络经济等。

(2) 可竞争市场理论

20 世纪 70 年代，人们日益注意到政府规制会引致不公平性和低效率，甚至于规制本身也存在巨额成本。随着科技的不断发展，使得原先政府对通讯、汽车、金融等领域的规制依据不断被弱化，美国出现了放松规制的倾向。基于这种背景，20 世纪 80 年代之后，可竞争市场理论逐步被提出和完善，从而成为影响产业组织理论的重要理论之一。

“可竞争市场”(Theory of Contestable Markets)的概念最早来源于鲍莫尔(Baumol)在 1981 年担任美国经济学会主席时的就职演讲报告《可竞争市场：产业结构理论的一次革命》。1982 年，鲍莫尔和帕恩查(Panzar)、威利格(Willig)合著了《可竞争市场与产业结构理论》一书，从而标志着可竞争市场理论的正式形成。

可竞争市场理论在假定厂商可以完全自由的进入和退出的前提下，认为潜在进入者和在位者相比，在生产技术、产品质量和生产成本等方面不存在额外的劣势，如果潜在进入者发现若进入某一行业并以较低的价格提供产品和服务，能够获得正的利润，则潜在进入者就会进入该行业；当在位者做出报复反应将产品和服务价格降低至无利可图的情况时，后来的进入者又可以无摩擦地迅速退出该行业而不存在任何投资损失，这也就是所谓的“打了就跑”策略（Hit-and-run Entry）。在这种情况下，不需要像完全竞争模型中需要假定存在众多的企业，只需要在市场中存在潜在进入者的威胁，市场上即使只存在少数垄断企业乃至于只存在一家企业，该行业也可以是竞争性的，从而实现高集中度和效率的并存。①

可竞争市场理论蕴含着相应的政策涵义。首先，避免人为设置额外的进入和退出壁垒。因为根据可竞争市场理论，当进入和退出壁垒不存在时，在位者受到潜在进入者的威胁，能够实现竞争性经营。其次，避免对现有企业进行不恰当的规制。一旦市场中存在潜在进入者的威胁，在位者能够实现集中度和效率的共存，此时，某行业没有新厂商的进入和市场集中度相对较高不仅不是缺乏效率的体现，而恰恰是效率高的象征，在这种情况下，对已有企业进行不恰当的价格等方面的规制不利于市场效率的实现。最后，当进入和退出壁垒客观存在且较难降低时，对在位厂商进行利润、价格等方面的规制则是合理且必要的。尽管由于可竞争市场理论在进入和退出壁垒为零的假设上过于极端，以至于在现实中符合该条件的产业并不多而具备很大的现实局限性，但该理论对当时资本主义国家政府规制政策的分析和制定产生了重大的影响。

（3）博弈论

博弈论（Game Theory）是“研究决策主体的行为发生直接相互作用时候的决策以及这种决策的均衡问题的，也就是说，当一个主体，好比说一个人或一个企业的决策受到其他人、其他企业选择的影响，而且反过来影响到其他人、其他企业选择时的决策问题和均衡问题”。

追溯博弈论的起源，早在19世纪就有关于产量决策的古诺模型（Cournot Model）和关于价格决策的伯兰德模型（Betrand Model）。1944年，诺依曼（Neumann）和摩根斯坦（Morgenstein）出版了《博弈论和经济行为》（*The Theory of Games and Economic Behaviour*），提出了预期效用等理论，从而标志着博弈理论的初步形成。到了20世纪50年代，合作博弈论达到顶峰，如纳什和夏普里（Shapley）的“讨价还价”模型等。同时，非合作博弈论也开始创立，如塔克（Tucker）的“囚徒困境”模型等。事实上，博弈论真正受到重视并成为主流

---

① Baumol, W. J. & Panzar, J. C. & Willig, R. D. (1982). Contestable Markets and the Theory of Industry Structure, New York: Harcourt Brace Jovanovich.

经济学还是20世纪70至80年代后的事情，特别是在1994年，纳什、海萨尼和塞尔顿三位长期研究博弈理论的学者共同荣获诺贝尔经济学奖，从而充分凸显了博弈论在经济学科中的重要地位。

虽然博弈论分为合作博弈和非合作博弈理论，但博弈论在产业组织中的应用主要体现在非合作博弈理论。表2-2对博弈的四种类型做了简要归类。非合作博弈理论为产业组织领域的研究提供了统一的方法论，特别是有利于分析寡头市场条件下的企业行为，使得产业组织理论发生了革命性的进展。

表2-2　博弈的分类

		静　态	动　态
完全信息	模型	完全信息静态博弈 纳什均衡	完全信息动态博弈 子博弈精炼纳什均衡
	代表人物	纳什(1950年,1951年)	泽尔腾(1965年)
不完全信息	模型	不完全信息静态博弈 贝叶斯纳什均衡	不完全信息动态博弈 精炼贝叶斯纳什均衡
	代表人物	海萨尼(1967～1968年)	泽尔腾(1975年) 克瑞普斯和威尔逊(1982年) 弗登伯格和泰勒尔(1991年)

资料来源：2004年张维迎所著，《博弈论与信息经济学》，上海三联书店出版。

至此，笔者对产业组织理论的形成和发展做了简要的文献梳理，以下将在S-C-P范式的分析框架下，对国内外学者在环境规制上的相关研究做出理论综述。

第三节　环境规制和S-C-P范式

一、环境规制对市场结构(S)的影响

1. 环境规制与产业集中度

根据产业组织理论，有许多因素会影响市场结构的具体形态，如市场集中度、进入和退出壁垒、产品差别化、市场需求的价格弹性、市场需求的增长率和短期成本结构等因素。在这些因素中，各个因素并不是各自独立的，而是处于互相影响的动态关系之中，当其中一个因素发生变化时，将会引起其他因素也发生相应变化，从而改变整个市场的最终结构形态。比如，当进入和退出壁垒发生变化时，最终会影响到市场中企业的数量，从而在产业集中度上会有所体现；若产品差异化程度发生变化，也会影响到各个企业的市场势力，从而亦会在产业集中度上体现出来。基于这种联动效应和产业集中度的代表性意义，笔者

最初打算对与“环境规制对产业集中度的影响”相关的文献进行归纳，但国内外文献中鲜有学者对这一视角进行过系统论证和研究。不过，笔者依然基于产业集中度的视角进行相关文献归纳，把“环境规制对其他因素的影响”纳入到最终影响产业集中度的子因素框架之中。而这个子因素主要是指进入和退出壁垒。

虽然已经有大量的证据能够证明政府的环境规制能够带来相当可观的社会和经济效益，比如：能够降低疾病的发生率和死亡率、降低生态环境的恶化程度、提高环境美观程度和增多休闲场所①，但也正是这样的环境规制政策引致了大量的直接和间接的成本损失，如对经济增长率、生产率和国际竞争力的不确定影响。同时，也有大量的研究注意到环境规制会对不同类型的企业带来不同的影响，这种类型差别主要涉及大型企业和中小型企业之间、污染密集型企业和清洁型企业之间、新企业和老企业之间、成立联盟和未成立联盟的企业之间、不同地理区位的企业之间等。②

皮特曼(Pittman)以美国威斯康星州和密歇根州纸浆和造纸行业的相关数据为研究样本，基于超越对数生产函数，验证了污染控制强度和经济规模之间的关系。皮特曼发现污染控制强度和经济规模之间具备正相关关系，说明政府制定的污染控制强度越高，企业的经济规模也会相对越高。进一步地，污染治理成本会提高企业的最佳有效规模，从而会提高该行业的进入壁垒并恶化该行业中缺乏竞争力企业的经营环境。而帕辛吉安(Pashigian)的经验研究发现环境法不仅会降低被规制企业的数量，也会给企业增添负担，并且小企业的负担要远远大于大企业的负担。在环境规制下，小企业将更难以与大企业竞争。迪恩(Dean)和布朗(Brown)以美国 449 家四位数标准分类工业企业的数据为样本，验证了环境规制会对新进入企业产生壁垒效应，而被规制的在位老企业则能够从中获益。进一步地，迪恩等在 2000 年提出环境规制对大型和小型企业的进入影响是不同的，在其研究中，迪恩并未发现环境规制会对大型企业的进入带来显著影响，但环境规制会对小企业的进入带来显著的负影响。因此，小企业会比大企业在进入市场时更易处于成本劣势。

我国学者研究与环境规制相关的问题相对较晚。目前，国内缺乏分析“环境规制和进入退出壁垒及产业集中度”的相关文献，不过国内学者却从产品进出口壁垒的角度考察了外国环境规制政策对我国产品出口的壁垒效应。王志明和袁建新在 2003 年认为技术性贸易壁垒这种新兴的非关税壁垒会阻碍国际

① Carlton, D. W. & Perloff, J. M. (1990). Modern Industrial Organization, Little Brown, Glenview, IL.

② Scherer, F. M. & Ross, D. (1990). Industrial Market Structure and Economic Performance, 3rd ed. Houghton Mifflin, Boston, MA.

贸易的发展,影响中国的产品出口,中国需要通过提高国民意识,增加科技投入,开发高新技术产品,加快技术认证工作,调整国际营销策略等措施,来突破国外的技术性贸易壁垒。高运胜和张永安于2007年认为欧盟的绿色壁垒措施使我国企业进入欧盟市场的门槛越来越高,尤其是研发能力相对较弱的中小企业,将面临严重的短期和长期壁垒效应。李昭华和蒋冰冰2009年采用引力模型,基于我国在短纤混纺布、棉制男衬衫、合成纤维制男式西服套装、棉制其他袜这四种纺织品和服装于1990至2006年间向欧盟的出口数据,验证了欧盟的一揽子环境规制措施会对我国的纺织品与服装出口产生壁垒效应。同时,他们在另外一项研究中指出,欧盟EMC、ROHS与WEEE及生态标签对我国空调、显示器、真空吸尘器、电吹风机、微波炉出口也产生了壁垒效应。①

从上述研究可以看出,在一国内部随着环境规制政策的不断趋严,会对本国企业引致一定的遵循成本,这一方面会提高新企业的进入壁垒,另一方面也会迫使部分无法满足规制要求的企业退出市场;同时环境规制还能提高企业的最佳有效规模,让存留下来的企业的规模进一步提升,以此来实现市场集中度的相对提高。由于一国的经济不是封闭的,该国需要在世界市场中出口和进口相应产品,当国外制定环境规制政策且规制力度大于本国时,国外的严厉环境规制政策也会对本国的企业数量起到降低作用,部分依赖于出口的污染密集型企业在通过努力亦无法满足国外环境规制壁垒时,将可能会被迫退出本国市场,从而实现市场集中度的进一步提高。虽然进入壁垒的提高已经蕴含着产业集中度的相对提升之意,但毕竟不是直接研究了环境规制和产业集中度的关系,因此有必要进一步分析环境规制对市场集中度的影响及其传导路径。

2. 环境规制与“污染避难所假说”

产业集中度能够从产业内企业数量、企业规模的层面反映市场结构特征,但并不能直接反映市场内污染产业的跨国和跨地区转移效应。② 当一国内部不同地区之间的环境规制政策和强度不同时,污染密集型产业则可能会从环境规制强度高的地区向环境规制强度低的地区转移;类似地,当世界各国的环境规制强度有差距时,污染密集型产业也会从环境规制强度高的国家向环境规制强度低的国家转移,由此而产生了“污染避难所假说”的蕴含之意。

“污染避难所假说”(Pollution Haven Hypothesis,PHH)最早由沃尔特

---

① 李昭华,蒋冰冰.欧盟环境规制对我国纺织品与服装出口的绿色壁垒效应——基于我国四种纺织品与服装出口欧盟11国的面板数据分析.中国工业经济,2009,6:130—140.

② 产业集中度和“污染避难所假说”也是有一定关联性的。如在“污染避难所假说”的作用下,某环境规制强度相对较弱的地区在污染密集型产业中的企业数量将相对提高,从而会对该产业的集中度带来影响。但产业集中度关注的是该国家或地区在某行业集中度上的变化,属于总体上的变化,而“污染避难所假说”强调外来的转移效应,属于局部的变化。两者强调的重点有很大差异性。

(Walter)和乌格娄(Ugelow)1979年提出，并经鲍莫尔(Baumol)和奥兹(Oates)等学者在1988年论证成为相对完善的理论。概括来说，发达国家一般会实施相对严格的环境规制政策，而相对严格的环境规制政策会给企业增添额外的生产成本，并且某企业越是污染密集型，其增添的负担将越重；同时会减少该国对污染密集型产业的投资；特别是某些政策更是直接限定了特定生产要素和产出的范围。与此相对，经济水平相对落后的国家一般会制定较为宽松的环境规制政策，不会给污染密集型产业增添更多的治污成本和投资、生产限定。基于此，发达国家的污染密集型产业将倾向于向经济水平相对落后的国家转移，以此避免沉重的环境遵循成本，或者发达国家通过增加污染密集型商品的进口来替代本国对该商品的需求，从而避免在生产污染密集型商品过程中带来的污染。这样，最终结果是落后国家沦落为发达国家污染密集型产业的避难所。

"污染避难所假说"的提出引起了国内外学者的广泛关注，许多相关研究由此展开，但由于各国经济、社会和政策的差异性，对"污染避难所假说"的验证结果并未达成一致，以至于"污染避难所假说"成为整个国际经济学领域最容易引起争论的问题之一。

首先来看国外学者围绕"污染避难所假说"开展的经验研究。Tobey在1990年基于H-O-V国际贸易模型验证了环境政策对国际贸易模式的影响，他发现环境规制强度的引入并未对H-O-V国际贸易模型显示的贸易模式带来统计意义上显著的影响，从而未能为"污染避难所假说"的现实存在找到依据。科尔(Cole)2004年在其研究中验证了发达国家在经济增长和环境污染物排放量上的倒"U"型曲线关系在多大程度上是由贸易和污染产业跨国转移引起的。他在控制贸易开放度、市场结构变化和南—北污染密集型商品的贸易流向三个控制变量的基础上，发现"污染避难所效应"是存在的，不过和其他解释变量相比，其影响作用是相对较小的，较小的"污染避难所效应"就意味着"污染避难所假说"在现实中不一定存在。埃德林顿(Ederington)等2006年以美国1974—1994年的数据为样本，实证考察了贸易自由化与"污染避难所"之间的关系，研究结果表明：虽然美国在样本期间的环境规制强度在逐步增强且比发展中国家要严格，但该国的污染密集型产业并未出现在统计意义上显著的转移现象(转移至发展中国家)，从而表示了对"污染避难所假说"的怀疑。

但也有许多经验研究支持"污染避难所假说"的现实存在性。刘(Low)和夏茨(Yeates)1992年发现在全世界污染密集型产业萎缩的大背景下(1965年，全世界污染密集型产业的出口占总出口的比重为18.9%，1988年这一比重降低至15.7%；同期工业化国家的该比重分别为20.4%和15.9%)，发展中国家在污染密集型产业上具备显性比较优势的国家数却在不断上升，说明发展中国家在污染密集型企业数量上和竞争优势上的上升正是由发达国家严格环境规制政策促使的污染产业转移引起的。Akbostanci 等学者在 2007 年以土耳其 1994－1997 年的面板数据为研究样本，考察了土耳其污染密集型企业数量和出口数量之间的关系，发现随着该国污染密集型企业数量的增加，该国的污染密集型产品出口也在增加，说明该国增长的污染密集型产品并未被本国消费，而是通过国际贸易出口至发达国家，沦为发达国家污染密集型产品的生产基地。凯斯利(Kearsley)和瑞岱尔(Riddel)2010 年以 27 个 OECD 国家 1980—2004 年的面板数据为研究样本验证了"污染避难所假说"，发现发达国家在污染减排上的成效部分原因是发达国家将"肮脏"产业转移到环境规制标准相对较弱的发展中国家，从而支持了"污染避难所假说"的存在。

其次，国内学者围绕"污染避难所假说"开展的经验研究，得到的结论也并不一致。汪晓文和刘欢欢于 2009 年以甘肃省 1985－2006 年的数据为样本对"污染避难所假说"进行了现实考察，发现部分污染产业吸收 FDI 使甘肃产生了更多的环境污染。即污染密集型产业通过 FDI 向甘肃转移，初步印证了"污染避难所假说"的存在性。类似的支持"污染避难所假说"的国内研究可见傅京燕和周浩(2010 年)、张成(2011 年)等。

不过，李小平和卢现详 2010 年运用中国 20 个工业行业和 G_7 及 OECD 等发达国家的贸易数据，基于环境投入产出模型和净出口消费指数等方法，实证分析了国际贸易、污染产业转移和二氧化碳排放的问题，他们发现发达国家不仅向中国转移了污染产业，而且还转移了干净产业；并且中国的出口产品内含的二氧化碳量中有越来越少的比重是在中国国内生产的，从而否定了中国通过国际贸易成为发达国家"污染产业天堂"的说法。对"污染避难所假说"持怀疑和否定态度的文献还可见赵哲和罗永明(2008 年)、程雁和郑玉刚(2009 年)等。

从国内外的经验研究文献中可以看出，因研究样本、验证方法的不同，学术界尚未在"污染避难所假说"的现实存在性上得到一致的结论，但是绝大多数学者认同了"污染避难所效应"①的现实存在性。并且，受到样本数据的限制，目前大多数研究是针对国家间的数据进行的，事实上，"污染避难所假说"不仅仅是对发达国家与落后国家在污染密集型产业上转移的假说，也可以是一国内部不同地区之间因环境规制强度不同而导致污染密集型产业发生转移的假说。杨昌举等就曾指出由于我国东西部地区在环境政策和规制标准上的梯度差异

① 相对于"污染避难所假说"，"污染避难所效应"是一个较弱的假说，存在"污染避难所效应"不一定会存在"污染避难所假说"，只有当"污染避难所效应"足够大时，"污染避难所假说"才成立。因此后者是前者的必要非充分条件。

性，西部地区的污染转移不仅会来自于国际发达国家，还会来自于国内东部发达地区。这就意味着，我国东部发达地区要谨防沦为发达国家的“污染避难所”，而中西部落后地区则需要同时谨防沦为世界发达国家和国内东部发达地区的“污染避难所”。

二、环境规制对市场行为(C)的影响

1. 环境规制与企业直接治污行为

哈佛学派 S-C-P 范式的第二个环节是市场行为(C)。企业行为主要包括企业的定价行为、产品差异化行为、策略性行为以及企业的组织协调行为。外生的环境规制政策能够对企业的市场行为带来一定的影响，如治污支出的出现会对企业的定价行为产生影响；企业会通过提供更为绿色的产品增强产品的差异化；企业通过技术创新在提高治污水平的同时增强竞争力；等等。可以说，环境规制会对企业市场行为的每个方面均产生一定影响。本书中笔者拟围绕环境规制的宗旨(减少污染)对企业的市场行为进行文献梳理。企业在环境规制下最根本的行为就是减少污染排放量以此来满足国家的相关规定，而企业的治污行为可以分为两种：一种是直接的治污行为，另一种是间接的治污行为。第一种是指企业在维持技术不变的前提下直接通过增加治污支出来治理污染；第二种则是通过提高生产技术水平和治污技术水平，在更高的技术水平上满足环境规制要求。本节将先对环境规制和企业直接治污行为进行文献概述。

尽管最初的时候，经济增长会增加污染排放量，但其他因素会对这种现象带来根本性的逆转(至少对于部分污染物而言)。市场本身就会通过改变商品生产和消费的构成使整个社会的商品更加绿色，同时，政府也会倾向于制定越发严格的环境政策，迫使生产者在追求利润的同时加大对生产过程中产生的污染物的治理力度。①

虽然有大量文献在分析倒“U”型库兹涅茨曲线(Kuznets Curve)的形成原因时，考虑了环境污染治理支出的作用，并在文献中蕴含着随着人均收入的增加(相应地，环境规制强度也随之增加)，环境污染治理支出也会随着增长的涵义。

只有少数学者直接分析了环境污染治理支出的运动轨迹，格鲁弗(Gruver)1976 年基于新古典增长理论研究了如何在总投资中最优地分割污染治理投资和直接的生产投资。在其研究的基础上，塞尔登(Selden)和宋(Song)于 1995 年认为环境污染治理支出的运动轨迹符合“J”型曲线。他们基于新古典的分析

① Selden, T. & Song, Daqing. (1994). Environmental Quality and Development-Is There a Kuznets Curve for Air Pollution Emissions?, *Journal of Environmental Economics and Management*, 27:147—162.

框架，将环境视为一种具有负外部性的“坏”产出，政府为了控制该“坏”产出需要投入一定的环境污染治理支出，并且人们对“坏”产出的厌恶程度（亦即对洁净空间的渴望程度）是随着产出的增加而增加的，在假定环境污染治理支出的边际收益不变时，环境污染治理支出就会符合“J”型的运动轨迹，即在转折点之前，环境污染治理支出的增长幅度非常缓慢，但当产出达到转折点之后，人们对洁净环境的渴望度迅速增长（意味着一定的环境规制强度），环境污染治理支出也会迅速递增。

不过，陆旸和郭路 2008 年在 Selden 和 Song 的基础上，进一步研究了环境污染治理支出的最优增长路径，发现环境污染治理支出的最优曲线形状并非如 Selden 和 Song 论证的那样会呈“J”型曲线趋势，而是会呈“S”型曲线轨迹。“S”型曲线轨迹意味着当产出小于某一点时，环境污染治理支出总量会迅速增加，但当产出超过该点以后，环境污染治理支出总量将缓慢提升，在稳态时，环境污染治理支出将不会发生变化。因此环境污染治理支出并不会无限增加，而是会收敛到某一稳态水平。

也有学者在其研究中，分析同样的环境规制背景下，什么因素会影响企业间在环境污染治理支出上的不同。如柯林斯（Collins）和哈里斯（Harris）在 2002 年以英国钢铁制造业的相关数据为样本，在控制了生产效率等变量基础上，验证了企业所有权的不同对是否支出污染治理资金以及支出多少的影响。他们发现在 1991－1994 年间，老企业更倾向于逃避对环境污染治理的支出；而非欧盟的外来企业比英国本土企业更倾向于支出更多的资金用于环境污染治理。

事实上，企业并不会被动接受政府制定的环境政策，而会主动出击，争取通过游说等行为获得有利于自身的环境政策，法曾（Farzin）等 2003 年在其研究中就分析了企业在治污支出和游说支出上的最佳均衡状态。研究表明，若企业的游说目的是为了反对环境税率在某一特定日期后增加，就会如临时游说者一样，在既定日期一次性地投入大量的游说资金；如果企业的游说目的是为了推迟新环境税的颁布，就会在一个最优期内持续不断地投入越来越多的游说资金。

虽然在环境污染治理支出的最优运动轨迹上尚有争论，但可以肯定的是，随着环境规制强度的增加，环境污染治理支出也会呈现增加态势，而不论这一增加态势是逐步加速抑或减速。贝克尔（Becker）2001 年在其研究中就验证了大气污染规制强度和大气污染治理支出之间具备正向关系，因此，可以采用公布的污染治理支出额作为度量环境规制强度的指标。不过，塞德比吉安（Shadbegian）和格雷（Gray）2004 年认为采用公布的污染治理支出作为衡量环境规制强度的指标存在一些缺陷，如一部新机器的采用，既可以增加产出也可以降低单位产出的污染排放量，而类似于这种购入新机器的情况就未被考虑到度量环境规制强度的体系中。而且，贝克尔(Becker)和亨德森(Henderson)2001年的研究进一步发现未公布的环境遵循成本要远远大于公布的环境污染治理成本。

2. 环境规制与企业间接治污行为

在环境规制的要求下，企业的生产约束条件发生变化，为了在新的约束条件下达到最优，企业一方面会加大对直接治污行为的资金投资，另一方面也会通过提高R&D投入资金，实现技术进步，以便在更集约、更高效、更绿色的层次上追求利润最大化和满足政府的环境规制要求。企业的R&D投入可以分为生产技术R&D投入和治污技术R&D投入。其中，前者用于生产技术的创新，这会有效提高生产技术水平；后者用于治污技术的创新，这会有效提高生产过程减排和污染治理的水平，但这并不能有效提高生产技术水平。

实际上，最初的时候，学者们是从静态的角度来研究环境规制对企业行为的影响的。基于静态的标准，学者们假设技术水平、资源配置效率和消费者需求固定不变，此时企业已经做出了自身最优的选择，而环境规制的引入会破坏企业先前的最优选择均衡，迫使被规制企业抽调出更多的资金用于污染治理支出，从而降低其生产率和竞争力。但是Porter等并不这么认为，Porter基于动态的角度，认为合理的环境规制能够激励被规制企业在变动约束条件下，刺激出企业安排更多的资金用以技术创新。①

杰夫(Jaffe)和帕尔默(Palmer)1997年以PACE的调查数据为研究样本，验证了更为严格的环境规制标准是否会对企业的创新行为带来正向的促进作用。在他们的研究中，先后验证了环境规制(以污染削减费用衡量)与R&D投入额和专利申请数之间的关系，并认为环境规制能够对以R&D投资额为衡量指标的创新起到显著的正向促进作用，但并未发现环境规制和以专利申请数为衡量指标的创新之间存在统计意义上显著的正相关关系。② 滨本(Hamamoto)2006年基于日本纸浆和造纸业、化工产品行业、石油和煤炭产品行业、钢铁行业、非铁金属产品行业5个行业在20世纪60年代和20世纪70年代的数据，

① 进一步地，在市场绩效环节，就能够实现“创新补偿”效应，从而不仅能部分乃至全部抵消企业的“遵循成本”，还能提高它的生产率和国际竞争力。不过，因为在本书对企业的市场行为和市场绩效做了区分，因此，在本节的文献分析中，仅对企业的创新资金投入行为进行分析，而不对最终的创新效果进行分析。

② 本节仅对环境规制和企业创新投入这一行为相关的文献进行概述，并不对创新投入行为是否带来有效的技术进步以及是否促进TFP进步和经济增长展开分析，与此相关的文献综述可见下文“环境规制和产业绩效”部分的综述。

考察了环境规制强度(以污染控制支出衡量)对创新活动(以 R&D 支出衡量)的影响。滨本(Hamamoto)的研究发现在污染控制支出变量和 R&D 支出变量之间存在显著的正相关关系,说明环境规制能够激励企业投入更多的资金用于技术创新活动。

也有学者的实证结果与杰夫(Jaffe)、帕尔默(Palmer)和滨本(Hamamoto)的实证结果相反。如都市有村(Arimura Toshi)和杉野(Sugino)2007 年以日本 19 个制造业(其中有 4 个非制造业行业)1996—2000 年的面板数据为基础,构建了六个回归模型,较为全面地验证了环境规制对技术创新的影响。模型一中,分别以环境保护投资、总 R&D 支出衡量环境规制和总体技术创新;模型二中,分别以环境保护投资、与环境相关的 R&D 支出衡量环境规制和环境技术创新;模型三中,分别以环境保护投资与销售额的比值、总 R&D 支出与销售额的比值衡量环境规制和总体技术创新;模型四中,分别以环境保护投资与销售额的比值、总 R&D 支出与销售额的比值衡量环境规制和总体技术创新;模型五中,分别以环境保护投资与总投资的比值、与环境相关的 R&D 支出与销售额的比值衡量环境规制和环境技术创新;模型六中,分别以环境保护投资与总投资的比值、与环境相关的 R&D 支出与销售额的比值衡量环境规制和环境技术创新。回归结果显示,只有模型一呈现显著的正相关关系,其余五个模型均呈现不显著的正相关关系。大部分回归模型变量的不显著性表明都市有村(Arimura Toshi)和杉野(Sugino)在此次研究中并未在环境规制和 R&D 支出之间发现稳健的关系。

我国学者近年来也对该问题进行了实证研究,普遍支持环境规制的引入会刺激企业投入更多的资金用于技术创新。赵红 2007 年以中国标准产业分类中 18 个两位数产业 1996—2004 年的面板数据为样本,实证分析了环境规制(以污染治理运行费用衡量)对产业技术创新(以 R&D 支出和专利申请数衡量)的影响,发现环境规制对滞后 3 期的 R&D 支出和专利申请数均具有显著的正效应,表明环境规制在中长期对技术创新有一定的激励作用。具体的激励程度为:环境规制强度每提高 1%,R&D 支出增加 0.19%,专利数量增加 0.30%。类似于赵红的研究,王国印和王动 2010 年在验证环境规制(以单位工业产值的污染治理成本衡量)和企业科技创新关系的实证研究中,选取东部地区 1999—2007 年的专利申请数和 R&D 支出来衡量技术创新水平,并认为环境规制的引入能够促进企业的技术创新水平。具体到 R&D 支出变量上,环境规制无论是即期还是滞后各期,都会对 R&D 支出有显著的正影响,环境规制强度每提高 1%,R&D 支出分别增加 0.026%、0.035%、0.055%和 0.103%(分别为当期、滞后一期、滞后二期和滞后三期时)。

从本研究视角现存的文献来看，大部分学者都是把企业R&D支出作为衡量技术创新的指标，并将其纳入验证"环境规制对技术创新"影响的经验分析框架之中。并且，可能是受到研究视角和数据可得性的制约，大部分学者都是以R&D总支出作为实证变量之一，只有小部分学者如都市有村（Arimura Toshi）和杉野（Sugino）对R&D总支出进行了区分，进一步推进了环境规制和R&D总支出及分项支出的研究进程。用于治污技术的R&D投入能够提高企业的治污水平，以一种迂回但更为高效的方式完成政府的环境规制要求；而用于生产技术的R&D的投入，一方面在提高生产要素利用率和生产率的同时也间接降低了单位产出的污染排放量，另一方面更高的生产率、产出和利润也为企业从增加的利润中抽调出更多资金用于治理污染创造了可能。

三、环境规制对市场绩效(P)的影响

1. 环境规制与技术进步

在S-C-P范式中，最后一个维度是市场绩效。市场绩效是衡量市场结构和市场行为是否合理的最终标准，许多对市场结构和市场行为的研究，其最终目的也是为了提高市场绩效。不过，市场绩效的衡量是一个仁者见仁、智者见智的复杂问题，因为市场绩效不仅涉及价值判断，而且涉及不同的层次和内涵。一般来说，广义的市场绩效可分为经济绩效和社会绩效两类。其中，经济绩效可以从技术进步、生产效率、利润率、销售费用等角度衡量，社会绩效则可以从社会公平、充分就业、环境绩效等角度衡量。由于环境规制最原始的目的是为了提高环境绩效，但是外加的约束条件会对企业的生产决策等行为带来影响，从而影响被规制行业的经济绩效。因此，本节中，笔者拟对和"环境规制与技术进步"相关的文献进行综述，再对和"环境规制和生产率及经济增长"相关的文献进行总结。

在上文环境规制对企业间接治污行为（R&D投入）的影响分析中，我们知道随着环境规制的引入，会激发企业投入更多的资金用于技术研发，但是这种技术研发是否能成功、是否能提高技术水平，则是需要进一步验证的问题，而国内外学者围绕环境规制和技术进步做了大量的研究。

为了对早期普遍流行的环境规制不利论进行反驳，Porter基于动态的分析角度，认为合理的环境规制能够刺激被规制企业在变动约束条件下，安排更多的资金用以技术创新，实现"创新补偿"效应，从而在抵消企业"遵循成本"的同时，还能提高它的劳动生产率和国际竞争力。

Porter"创新补偿效应"的提出引起了国内外学者的广泛关注，许多学者围绕"环境规制和技术进步"这一角度做了许多实证研究。概括地说，国内外学者主要从"生产技术进步和治污技术进步"以及"时间维度和强度维度"这两个分类标准对“环境规制和技术进步”的相关问题进行了经验研究。

朗鸠(Lanjouw)和莫迪(Mody)1996年主要利用日本、美国和德国等国家20世纪70至80年代的数据分析了环境规制(以治污支出衡量)和环境技术专利申请数之间的关系。他们认为环境规制的引入导致了全球20世纪70至80年代在环境技术上的创新和扩散,其中,美国、日本和德国在环境专利数和总专利数比值上大约维持在0.6%到3%之间。同时,朗鸠(Lanjouw)和莫迪(Mody)还指出巴西等发展中国家的环境技术创新率也维持在可观的额度上,不过,大部分发展中国家的环境技术创新主要是体现在对进口环境技术的改造上。波普(Popp)2006年运用美国、日本和德国的面板数据对和空气污染治理相关的技术创新和扩散进行了实证研究。他们指出虽然美国较早制定了严格的二氧化硫排放标准,但日本和德国要比美国更早颁布和氮氧化合物(NO_x)相关的排放标准。那么,相对较早颁布某类污染物排放标准的国家就会在该污染物指标上获得更多的专利申请数,但其他国家就不会在该污染物指标上获得明显的专利数增长。由此,波普(Popp)的研究一方面验证了环境规制能刺激更多的直接相关的专利申请数,另一方面也指出这种专利数的增长往往具备地域区别,即限定于颁布和执行该环境政策的国度。李强和聂锐2009年利用1999—2007年的中国省际面板数据对环境规制(以工业污染治理项目本年完成投资合计衡量)与技术创新(分别以发明专利、实用新型专利和外观设计专利的数量衡量)的关系进行实证研究,研究结果认为:虽然并未在环境规制和外观设计专利之间发现显著的相关关系,但是环境规制对核心创新指标产生了显著的正影响。环境规制强度每提高1%,发明专利数和实用新型专利数将分别增加0.17%和0.07%。在理论方面,黄德春和刘志彪2006年通过在Robert模型中引入技术系数构建了相关数理模型,证实了环境规制在给企业带来直接成本的同时,也会激发一些创新,以此来部分或全部地抵消这些费用成本。

也有学者在该研究方向上得到了不一致的结论。杰夫(Jaffe)和帕尔默(Palmer)1997年以PACE的调查数据为研究样本,验证了更为严格的环境规制标准是否会对企业的创新行为带来正向的促进作用。在他们的研究中,认为环境规制能够对以R&D投资额为衡量指标的创新起到显著的正向促进作用,但并未发现环境规制和以专利申请数为衡量指标的创新之间存在统计意义上显著的正相关关系。布伦纳迈尔(Brunnermeier)和科恩(Cohen)2003年根据美国制造业的数据实证分析了环境规制(以污染削减成本和政府对污染案的检查数衡量)对技术创新(被限定为环境相关的技术创新,并以环境相关的专利申请数衡量)的影响,结果发现:治污削减成本的增加能够促进与环境相关的专利申请数,但是政府对污染案的检查数对与环境相关的专利申请数的影响并不显著。江珂2009年利用中国1999—2007年的省际面板数据实证分析了环境规制对中国区域技术创新能力的影响。研究结果表明，环境规制在中长期对技术创新有一定的促进作用，但在地区之间存在较大差异性，环境规制对东部地区的技术创新有显著的正影响，但并未在中部和西部地区发现类似的显著影响。

上述研究基本上都是从时间维度上验证了环境规制是否会对总体技术进步、生产技术进步或治污技术进步带来正向促进作用。事实上，还可以从强度维度上进行类似的研究。赵细康就曾经指出环境规制必须达到一个特定的“阈值”才能对技术创新起到促进作用，而张成等于2011年则在环境规制强度和企业生产技术进步之间构建了数理模型，并采用面板数据方法，对1998—2007年中国30多个省级行政区的工业部门进行了检验，研究结果表明：在东部和中部地区，初始的环境规制确实削弱了企业的生产技术进步率，然而，随着环境规制强度的增加，企业的生产技术进步率逐步提高，即环境规制强度和企业生产技术进步之间呈现“U”型关系；在西部地区，受到环境规制形式的影响，环境规制强度和企业的生产技术进步之间尚未形成在统计意义上显著的“U”型关系。因此，从长远的角度看，政府应当适度提高环境规制强度，进一步优化环境规制形式，使企业能够尽快突破生产技术的“创新阈值”，进而为中国实现环境保护和经济增长“双赢”提供技术支持。

2. 环境规制与生产率 & 经济增长

前文中提及，虽然国内外学者对环境规制与技术创新之间的关系尚未达成一致，但大多数学者认同合理的环境规制强度是能够促进企业的技术创新的。那么，生产技术创新落实到生产上，就往往会体现在生产率上，进一步又会落实到宏观指标——经济增长上。于是，便有了国内外学者围绕环境规制和生产率以及经济增长之间的关系所做的大量研究。本文将首先对涉及环境规制和生产率之间关系的文献做一个简要的梳理。

国外对环境规制与生产率之间关系的研究较早，有的学者认为环境规制会降低生产率的增长速度。丹尼森(Denison)和克里斯滕森(Christainsen)等1981年把美国20世纪60至70年代的生产率增长速度下降归因于严格的环境规制。戈洛普(Gollop)和罗伯茨(Roberts)于1983年运用超越对数成本函数估算了环境规制对电力工业生产率的影响，认为对于二氧化硫排放量的限制使得该行业在1973—1979年间的生产率平均每年降低0.59%。格雷(Gray)则在1987年度量了环境规制、劳工健康和安全管制对美国制造业生产率增长的影响，认为环境规制在20世纪70年代降低生产率水平总计达12%～19%。巴贝拉(Barbera)等1990年分析了环境规制对美国5个污染密集型产业的直接影响，认为这会对全要素生产率带来负影响，并在10%～30%的程度上解释了为何美国20世纪70年代的全要素生产率会下降。康拉德(Conrad)等和格雷(Gray)等在1995年分别实证研究了环境规制对德国、美国污染密集型产业生产率的影响,结果表明环境规制的引入会降低污染密集型产业的全要素生产率。格雷(Gray)等2003年以美国116家纸浆和造纸厂在1979—1990年间的面板数据为样本,实证研究了环境规制背景下的企业的污染治理成本和生产率之间的关系,研究结果认为企业的污染治理成本和生产率之间呈显著的负相关关系,即污染治理成本越高,生产率下降就越多,但格雷(Gray)还进一步指出企业的技术水平和企业规模会影响污染治理成本和生产率之间的具体关系。李(Lee)2008年对韩国1983—1993年间制造业的十个次级产业的数据进行了实证,认为环境规制平均每年会降低生产率0.14%,但每个产业受到的具体影响和市场力量负相关。

但也有学者认为环境规制能够提高生产率增长速度。诺斯沃西(Norsworthy)等1983年以日本制造业的数据进行了实证研究,结果表明日本虽然在20世70年代实施了比60年代更为严格的环境规制,但1973—1978年的年均TFP增长率(1.64%)远高于1965—1973年间水平(0.91%),以此支持了环境规制对全要素生产率增长的促进作用。波特(Porter)等提出著名的"波特假说",认为恰当的环境规制可以激发被规制企业进行创新,产生"创新补偿"效应,不仅能抵消环境规制的遵循成本,还能提高被规制企业的生产率水平,增强其绝对竞争优势;他还以日本和德国为例,认为它们在拥有严格环境规制的前提下能够在GNP和生产率增长速度上超过美国就是重要证据。Xepapadeas等1999年通过数理模型证实严格的环境规制能够提高生产率,但他们也认为这只能部分补偿规制带来的成本。徐晋涛等2003年使用中国福建、云南两省34个造纸厂1982—1994年的相应数据,认为排污收费政策造成小企业生产率下降,但却提高了大多数技术先进企业的生产率。滨本(Hamamoto)2006年基于日本制造业的相关数据开展了实证研究,研究结果认为企业在环境规制的压力下能够刺激企业支出更多的资金和人员用于创新活动,因而会显著地推动被规制企业的全要素生产率增幅。弗莱什曼(Fleishman)等2009年测算了美国1994—2004年不同的环境规制政策对发电厂生产率的影响,发现政府对二氧化硫排放量的规制和燃气发电厂生产率之间存在正相关关系。王兵等2008年运用APEC 17个国家和地区1980—2004年的相应数据进行实证,结果表明:在平均意义上,考虑环境规制后,APEC的全要素生产率增长水平提高,技术进步则是推进其增长的源泉。张成等2010年以我国工业部门1996—2007年的数据为样本,验证了全要素生产率和环境规制之间的关系,他们认为环境规制和全要素生产率之间存在协整关系,并且环境规制在长期对全要素生产率的正向促进作用比短期更为明显。

既然环境规制会对技术进步和生产率等微观变量带来影响，部分国内外学者围绕环境规制和经济增长的关系做了数理和经验研究，希望能够在环境规制和经济增长的“双赢”格局上找到理论和现实依据。里奇(Ricci)2007 年在其研究中，就曾指出环境规制的引入会迫使该国将本来会用于投资的资金用于污染治理，从而会对该国的经济增长率带来负面影响。莫利(Morley)在 2010 年则基于欧盟的相关数据用面板格兰杰检验法从实证的角度验证了环境保护政策和经济增长之间的关系。实证结果显示：从长期来看，经济增长是环境保护政策加强的格兰杰成因，但未在环境保护政策加强是经济增长格兰杰成因这个假设上找到证据。从短期来看，环境保护政策的加强是经济增长的格兰杰成因，不过这种影响是负向的。这就意味着，该学者的研究不支持环境规制能促进经济增长的观点。李泳和李金青 2009 年基于我国 1995—2005 年 19 个抽样省级行政区 20 个部门的相关数据构造出了可计算非线性动态投入产出模型，并利用该模型分析了环境规制政策对行业产出及经济增长的影响，研究结果虽然没有在机动车尾气排放控制这一环境规制政策上发现显著抑制经济增长的证据，但发现治理污染投资的增加会使 GDP 下降，且下降的幅度会呈现出拟指数的快速上升态势。

当然，也有学者指出了环境规制会通过促进技术创新、提高人类健康等途径促进经济的增长速度。从技术创新的角度来看①，特定的环境规制强度不仅会促使企业进行治污技术创新，还会促进企业进行生产技术创新，以此来提高生产率和经济增长速度。从人类健康的角度来看：环境污染会对人类的健康带来严重影响，人类若长期处于大气污染物中，即使污染水平不严重，也会增加新生儿死亡率和降低人类的预期寿命②，更不用说和人类息息相关的水资源污染了。健康的身体能够提高劳动生产率，健康还能通过延长预期寿命和提高学习能力来促进知识的积累。③ 因此，人类的健康应当成为分析环境和经济增长的因素之一。波特雷尔(Pautrel)等学者在 2009 年的研究中则明确指出环境规制政策能通过提高人类的健康和预期寿命来促进经济的增长率。于同申和张成 2010 年以我国工业部门 1991—2008 年的各省面板数据为样本，实证考察了环境规制和经济增长之间的关系。他们认为：环境规制和经济增长之间具备长

---

① 有关环境规制对技术创新的文献在前文中已有综述，在此不再赘述。

② Neuberg, M. & Rabczenko, D. & Moshammer, H. (2007). Extended Effects of Air Pollution on Cardiopulmonary Mortality in Vienna, *Atmospheric Environment*, 41:8549—8556.

③ Howitt, P. (2005). Health, Human Capital and Economic Growth: a Schumpeterian Perspective, In: Health and Economic Growth. MIT Press.

期稳定关系；环境规制和经济增长之间互为因果，经济增长是环境规制强度加大的格兰杰成因，同时，环境规制也是经济增长的格兰杰成因；环境规制强度的增强能促进经济增长率，并且这种提升作用在长期要比短期更为明显。孔祥利、毛毅2010年则根据1998—2006年中国30多个省级行政区的面板数据，实证研究了我国各地区环境规制与经济增长的关系，他们指出我国环境规制水平与经济增长的关系在地区和时间上存在较明显的差异性。具体来说，在长期，东部、中部和西部地区在环境规制水平与经济增长之间均呈现了相互促进的因果关系；但在短期，东部地区的环境规制水平会对经济增长带来显著的正影响，西部地区的经济增长会对环境规制水平的提升起到一定的促进作用，但并未在中部地区的两者之间发现显著的关系。

四、对已有研究的简评

至此，本书基于S-C-P范式这一分析框架，逐步总结了环境规制对市场结构、市场行为和市场绩效的影响。从现有研究来看，虽然国内外学者的研究视角已经较为全面，但尚存在两点问题：

第一，现有研究缺乏环境规制对市场结构、市场行为和市场绩效的系统分析。国内外目前的研究具备一定独立性，相关性不强，都是选取了S-C-P范式中的一个层面、甚至一个层面中的某个变量作为研究对象，鲜见有学者围绕环境规制和S-C-P范式做出系统的论证。

第二，现有研究中存在数个研究盲点。从笔者收集到的文献来看，鲜见有学者对中国各个省级行政区在经济增长和污染物排放的关系上做详细考察；鲜见有学者从实证角度直接地分析环境规制对产业集中度的影响；鲜见有学者从强度维度上研究环境规制强度的不同会对企业的生产技术进步带来何种影响；等等。

笔者基于上述研究可能存在的不足，开展了本课题的研究，尝试进一步完善和“环境规制与S-C-P范式”相关的理论研究，并主要在市场绩效层面上运用实证分析方法考察了环境规制和市场绩效代表性指标之间的关系。

第三章　中国环境规制历程及现状

第一节　中国环境规制的历程

1973 年 8 月，第一次全国环境保护会议召开①，由此揭开了中国环境保护事业的序幕。此后，中国政府逐步加大了对环境的保护力度。国务院在 1983 年年底的第二次全国环境保护会议上把环境保护确立为基本国策，并在全国范围内贯彻执行；进入新世纪后，党的十六大提出以人为本的科学发展观，不仅探索新工业化道路和社会主义新农村建设的创新，而且积极探索构建资源节约型和环境友好型社会，以及创建人与自然、人与人之间协调发展的和谐社会；党的十七大更是把“建设生态文明”作为实现全面建设小康社会奋斗目标的新要求之一。

纵观中国的环境规制之路，大体上可以分为三个阶段。第一个阶段是环境规制政策的初步形成阶段(20 世纪 70 年代末至 80 年代末)；第二个阶段是环境规制政策的发展阶段(20 世纪 80 年代末至 90 年代末)；第三个阶段是环境规制政策的完善阶段(20 世纪 90 年代末至今)。环境规制之路在每个阶段都有自身的内容和特点，表 3-1 则给出了新中国成立以来我国环境规制措施在组织机构、相关法律、行政法规和部门规章上的简要历程。

不可否认，中国的环境规制政策是在不断地发展和完善的。概括来说，环境规制历程可以从两个方面进行总结：首先，从组织机构上来看，环境保护部门的地位和重要性在逐步提升。自 1971 年成立国家计委环境保护办公室以来，环境保护部门逐步发展成环境保护总局乃至环境保护部，这不仅仅是名称上的改变，更是体现了国家对环境保护部门地位和重要性的认可，体现了党和政府在保护环境上的决心和努力。其次，从法律法规和规章上来看，环境规制内容的覆盖面和可操作性在逐步提升。自 1979 年颁布《中华人民共和国环境保护

---

① 此次会议通过了《关于保护和改善环境的若干规定》，并确定了“全面规划、合理布局、综合利用、化害为利、依靠群众、大家动手、保护环境、造福人民”的环境保护工作方针。

法》(试行)以来,国家先后颁布了一系列相关的法律法规,逐步覆盖了各个地区、行业和各种污染物指标,使得环境规制的覆盖面大幅度提升;同时,环境规制政策的现实可操作性也有大幅度改进,由最初的统领性工作方针逐步发展到能够指导和规范各行各业的具体制度上,从而提供了较为完备的定量性监管标准。

表 3-1　中国环境规制的组织机构、相关法律、行政法规和部门规章历程表

年份	组织机构	相关法律	行政法规	部门规章
1949—1970				
1971	成立国家计委环境保护办公室			
1972				
1973	成立国务院环境保护领导小组办公室		公布《关于保护和改善环境的若干规定》(试行草案)	公布《工业“三废”排放试行标准》
1974	成立国家建设委员会环境保护办公室			
1975—1978				
1979		颁布《中华人民共和国环境保护法》(试行)		
1980—1981				
1982	撤销国务院环境保护领导小组办公室,城乡建设环境保护部内设环境保护局			
1983				

续表

年份	组织机构	相关法律	行政法规	部门规章
1984	5月成立环境保护委员会，办公室设在城乡建设环境保护部，由环境保护局代行其职。12月 环境保护局改名为国家环境保护局，但仍归城乡建设环境保护部领导	颁布《中华人民共和国水污染防治法》		
1985				
1986		颁布《中华人民共和国渔业法》		
1987			公布《化学危险物品安全管理条例》	
1988	国家环境保护局成立，从建设部中分离出来			
1989		颁布《中华人民共和国环境保护法》和《中华人民共和国野生动物保护法》		公布《饮用水水源保护区污染防治管理规定》
1990				
1991		颁布《中华人民共和国水土保持法》		公布《全国机动车尾气排放监测管理制度》(暂行)
1992				
1993			公布《核电厂核事故应急管理条例》	
1994			公布《中华人民共和国自然保护区条例》	
1995		颁布《中华人民共和国固体废物污染环境防治法》		

续表

年份	组织机构	相关法律	行政法规	部门规章
1996		颁布《中华人民共和国环境噪声污染防治法》	公布《中华人民共和国野生植物保护条例》	
1997			公布《关于加强农用运输车管理意见的通知》和《电磁辐射环境保护管理办法》	
1998	国家环境保护局升格为正部级国家环境保护总局	修正《中华人民共和国森林法》	公布《关于酸雨控制区和二氧化硫污染控制区有关问题的批复》和《关于限期停止生产销售使用车用含铅汽油的通知》	公布《国家危险废物名录》
1999		颁布《中华人民共和国气象法》;修订《中华人民共和国海洋环境保护法》		公布《近岸海域环境功能区管理办法》《消耗臭氧层物质进出口管理办法》《关于加强社会生活噪声污染管理的通知》《污染源监测管理办法》和《环境保护行政处罚办法》
2000		颁布《中华人民共和国大气污染防治法》;修正《关于修改〈中华人民共和国渔业法〉的决定》		
2001		颁布《中华人民共和国防沙治沙法》		公布《关于发布轻型汽车和柴油车限期停产车型名录的通知》《关于划分高污染燃料的规定》《关于加强铁路噪声污染防治的通知》和《畜禽养殖污染防治管理办法》

续表

年份	组织机构	相关法律	行政法规	部门规章
2002		修订《中华人民共和国水法》,颁布《中华人民共和国环境影响评价法》和《中华人民共和国清洁生产促进法》	公布《危险化学品安全管理条例》,并废止《化学危险物品安全管理条例》(1987);公布《排污费征收使用管理条例》	公布《摩托车报废标准暂行规定》
2003		颁布《中华人民共和国放射性污染防治法》	公布《医疗废物管理条例》	
2004		修订《中华人民共和国固体废物污染环境防治法》	公布《危险废物经营许可证管理办法》	
2005		颁布《中华人民共和国可再生能源法》	公布《放射源分类办法》	
2006			公布《防治海洋工程建设项目污染损害海洋环境管理条例》和《中华人民共和国濒危野生动植物进出口管理条例》	公布《关于修改〈放射性同位素与射线装置安全许可管理办法〉的决定》、《国家级自然保护区监督检查办法》和《病原微生物实验室生物安全环境管理办法》
2007		颁布《中华人民共和国城乡规划法》;修订《中华人民共和国节约能源法》	公布《全国污染源普查条例》	公布《城市放射性废物管理办法》和《环境监测管理办法》
2008	国家环保总局升格为环境保护部	颁布《中华人民共和国循环经济促进法》	公布《废弃电器电子产品回收处理管理条例》	公布《国家危险废物名录(新)》《建设项目环境影响评价分类管理名录》《危险废物出口核准管理办法》《禁止进口固体废物目录》《限制进口类可用作原料的固体废物目录》和《自动许可进口类可用作原料的固体废物目录》

续表

年份	组织机构	相关法律	行政法规	部门规章
2009			公布《放射性物品运输安全管理条例》	公布《限期治理管理办法(试行)》;修订《新化学物质环境管理办法》和《环境行政处罚办法》
2010			公布《消耗臭氧层物质管理条例》	公布《突发环境事件应急预案管理暂行办法》《放射性物品运输安全许可管理办法》和《废弃电器电子产品处理资格许可管理办法》

数据来源：根据中华人民共和国环境保护部(http://www.zhb.gov.cn)和中国环境标准网(http://www.es.org.cn/cn)提供的资料整理所得。

第二节　中国环境规制的现状

一、环境规制现状的简单描述

目前,中国的环境污染治理工具主要以命令控制型工具为主,辅之以基于市场的政策工具,前者包括环境影响评价制度、"三同时"制度、环境标准等,后者主要是污染物排放收费制度。那么,当前中国的环境规制处于一个什么样的水平呢?下文笔者将从时间和截面这两个维度对中国的环境规制现状做一个描述。

1. 中国的环境规制现状——基于时间维度的考察

如何准确度量环境规制的强度是一个较为困难的问题。国内外学者基于自身研究的需要,设计了很多度量标准。概括来说,主要遵循四种思路:第一种是环境规制政策的数量和质量①;第二种是环境规制政策的执行力度;第三种是企业的遵循行为;第四种是污染控制的实际效果。基于数据可得性的考虑,笔者将选择当年制定环境保护部门规章数、当年制定地方环境法规数、环保部当年颁布环境标准数和当年颁布地方环境标准数作为代表第一种思路的指标;

① 事实上,环境规制政策的质量不好度量,因此,学者们一般是以某一环境规制政策为分界点,考察政策实施前后的效果,以此来对该政策做出考察。

选取环境评价完成比率、排污费征收额增长率、群众投诉信件处理比例和群众上访处理比例作为代表第二种思路的指标；选取污染治理投资额占 GDP 比重、治理工业废气设施数量、治理工业废水设施数量和工业环境已支付成本占全部成本的比重作为代表第三种思路的指标；选取工业废水排放达标量与工业废水排放总量的比值、工业二氧化硫去除量与工业二氧化硫排放量的比值、工业烟尘去除量与工业烟尘排放量的比值和工业粉尘去除量与工业粉尘排放量的比值作为代表第四种思路的指标。相应数据见表 3-2。

从表 3-2 可以看出，除个别指标在部分年份呈现下降趋势，大多数指标在样本年间呈现出逐步上升趋势，说明中国的环境规制强度在样本年间呈现了总体趋严态势。那么，中国逐步加强的环境规制强度在国际上处于什么样的水平呢？由此进入国际维度上的比较。

2. *中国的环境规制现状——基于国际维度的比较*

从时间维度上看，中国自 1971 年成立国家计委环境保护办公室以来，在逐步加大对环境的保护力度，但是中国目前的环境规制强度和世界其他国家相比仍然相对较低。据国际地球科学信息中心网提供的环境监管指标 EG(Environmental Governance)显示，中国的 EG 得分为−0.58 分，在参评的 146 个国家和地区中位居 115 位，远远落后于排名第一的冰岛(1.65 分)。表 3-3 中则详细给出了 2005 年世界 146 个参评国家和地区的环境监管指标 EG 得分和排名情况，中国的 EG 得分与巴基斯坦、刚果、叙利亚共和国与几内亚等发展中国家处于近似水平。

我们还可以从环境绩效的国际排名中考察中国环境规制的实施效果。根据美国耶鲁大学和哥伦比亚大学共同发布的世界环境绩效排名 EPI 中可以看出，2008 年中国的 EPI 得分为 65.1 分，在 149 个国家和地区中位居第 105 位，2010 年中国的 EPI 得分进一步降至 49.0 分，在 163 个国家和地区中仅排第 121 位。表 3-4 详细地给出了 2010 年世界环境绩效 EPI 得分和排名，可以看出，中国的 EPI 得分远远落后于居于首位的冰岛(93.5 分)，而和乌干达、马达加斯加岛、卡特尔和印度等国处于接近水平。

通过在世界维度中比较中国的环境规制强度和环境规制绩效，可以初步判断出环境规制强度和环境规制绩效是正相关的，中国相对较低的环境规制强度就注定了相对较低的环境规制绩效，因此，进一步加大环境规制强度来改善环境质量已经迫在眉睫。

表 3-2　中国环境规制强度(1993—2009 年)

年份	环境规制政策的数量				环境规制政策的执行力度				企业的遵循行为				污染控制的实际效果			
	当年制定环境保护部门规章数	当年制定地方环境法规数	环保部门当年颁布环境标准数	当年颁布地方环境标准数	环境评价完成比率/%	排污费征收额增长率/%	群众投诉信件处理比例/%	群众上访处理比例/%	污染治理投资额占GDP比重/%	治理工业废气设施数量(套)	治理工业废水设施数量(套)	工业环境已支付成本占全部成本的比重[a]/%	工业废水排放达标量与工业废水排放总量的比值	工业二氧化硫去除量与工业二氧化硫排放量的比值	工业烟尘去除量与工业烟尘排放量的比值	工业粉尘去除量与工业粉尘排放量的比值
1993									0.175				0.549	0.164	9.269	4.284
1994									0.162				0.555	0.166	11.126	4.510
1995			39	6	83.1	19.7	94.9	85.4	0.180				0.554	0.242	11.905	4.531
1996		24	11	4	81.6	10.5	95.8	89.4	0.152	103389	44861		0.591	0.298	14.052	6.122
1997		26	15	7	85.0	10.7	95.3	90.7	0.170	112894	43011	43.120	0.618	0.314	15.337	5.614
1998		19	5	13	90.0	7.9	96.4	90.0	0.180	134359	56690	38.458	0.614	0.290	8.559	2.829
1999		25	32	30	90.4	13.3	95.7	94.3	0.210	138934	60035	43.035	0.667	0.343	10.382	3.690
2000		27	12	9	97.0	4.5	96.0	98.6	0.274	145534	64453	45.349	0.769	0.357	11.246	4.103
2001	5	25	20	7	97.0	7.2	95.1	93.4	0.183	134025	61226	61.723	0.852	0.361	14.457	5.370
2002	2	32	18	7	98.3	8.4	95.1	81.8	0.170	137668	62939	63.816	0.884	0.447	17.410	5.919

续表

年份	环境规制政策的数量				环境规制政策的执行力度				企业的遵循行为				污染控制的实际效果			
	当年制定环境保护部门规章数	当年制定地方环境法规数	环保部门当年颁布环境标准数	当年颁布地方环境标准数	环境评价完成比率/%	排污费征收额增长率/%	群众投诉信件处理比例/%	群众上访处理比例/%	污染治理投资额占GDP比重/%	治理工业废气设施数量(套)	治理工业废水设施数量(套)	工业环境已支付成本占全部成本的比重[a]/%	工业废水排放达标量与工业废水排放总量的比值	工业二氧化硫去除量与工业二氧化硫排放量的比值	工业烟尘去除量与工业烟尘排放量的比值	工业粉尘去除量与工业粉尘排放量的比值
2003	5	25	9	25	98.9	8.5	95.7	85.8	0.156	137204	65128	63.932	0.892	0.418	18.498	5.872
2004	6	22	67	16	99.3	28.9	96.4	81.9	0.153	144973	66032	63.379	0.910	0.471	20.378	9.424
2005	6	30	336	12	99.5	30.8	89.0	77.9	0.182	145043	68940	61.792	0.914	0.503	21.693	7.085
2006	7	38	118	24	99.7	18.2	93.5	87.2	0.153	154557	75830	64.420		0.711	30.410	10.080
2007	8	20	104	13	99.1	19.2	94.2	97.5	0.136	162325	78210	71.337	0.917	0.908	32.637	10.977
2008	5	21		13	99.9	−29.0	93.7	92.9	0.107	174164	78725		0.924	1.148	45.539	14.483
2009									0.081	176489	77018		0.942	1.549	54.348	16.659

数据来源：根据历年《中国工业统计年鉴》《中国统计年鉴》《中国环境年鉴》和《全国环境统计公布》整理和计算所得。其中 a：此环境已支付成本包括二氧化硫、粉尘、烟尘和废水四种污染物指标。

表 3-3　2005 年世界各国及地区环境监管指标 EG 得分及排名

国家或地区	EG	排名	国家或地区	EG	排名
冰岛	1.65	1	波兰	0.67	29
荷兰	1.62	2	希腊	0.6	30
丹麦	1.59	3	斯洛文尼亚	0.6	31
德国	1.57	4	立陶宛	0.58	32
奥地利	1.54	5	台湾	0.56	33
芬兰	1.40	6	以色列	0.56	34
瑞士	1.39	7	智利	0.48	35
英国	1.37	8	拉脱维亚	0.48	36
瑞典	1.26	9	乌拉圭	0.40	37
挪威	1.26	10	巴拿马	0.38	38
比利时	1.23	11	克罗地亚	0.34	39
新西兰	1.15	12	保加利亚	0.34	40
西班牙	1.08	13	南非	0.31	41
爱尔兰	1.06	14	乔丹	0.27	42
法国	1.00	15	斯里兰卡	0.26	43
日本	0.99	16	牙买加	0.26	44
澳大利亚	0.97	17	蒙古	0.26	45
哥斯达黎加	0.92	18	土耳其	0.21	46
葡萄牙	0.86	19	马来西亚	0.19	47
博茨瓦纳	0.84	20	纳米比亚	0.14	48
匈牙利	0.81	21	赞比亚	0.13	49
美国	0.80	22	多米尼加代表	0.07	50
爱沙尼亚	0.78	23	尼加拉瓜	0.06	51
加拿大	0.78	24	玻利维亚	0.05	52
斯洛伐克	0.76	25	泰国	0.04	53
韩国	0.76	26	巴西	0.02	54
捷克共和国	0.76	27	哥伦比亚	0.02	55
意大利	0.74	28	萨尔瓦多	0.01	56

续表

国家或地区	EG	排名	国家或地区	EG	排名
塞内加尔	0.01	57	委内瑞拉	−0.27	85
厄瓜多尔	0.01	58	圭亚那	−0.28	86
洪都拉斯	0.00	59	塞尔维亚和黑山	−0.28	87
坦桑尼亚	−0.01	60	沙特阿拉伯	−0.28	88
危地马拉	−0.02	61	阿尔巴尼亚	−0.32	89
罗马尼亚	−0.06	62	阿根廷	−0.34	90
不丹	−0.07	63	乌克兰	−0.34	91
几内亚比绍	−0.07	64	巴拉圭	−0.34	92
特立尼达和多巴哥	−0.09	65	加蓬	−0.35	93
印度	−0.10	66	毛里塔尼亚	−0.35	94
加纳	−0.1	67	马其顿	−0.35	95
突尼斯	−0.11	68	肯尼亚	−0.37	96
秘鲁	−0.11	69	津巴布韦	−0.37	97
贝宁	−0.11	70	亚美尼亚	−0.38	98
尼泊尔	−0.12	71	俄罗斯	−0.40	99
马达加斯加	−0.13	72	中非	−0.40	100
菲律宾	−0.15	73	柬埔寨	−0.40	101
阿联酋	−0.15	74	巴布亚新几内亚	−0.41	102
科威特	−0.17	75	冈比亚	−0.43	103
墨西哥	−0.17	76	埃塞俄比亚	−0.44	104
黎巴嫩	−0.17	77	莫桑比克	−0.45	105
阿曼	−0.18	78	格鲁吉亚	−0.45	106
摩尔多瓦	−0.2	79	科特迪瓦	−0.46	107
乌干达	−0.22	80	尼日尔	−0.47	108
马拉维	−0.22	81	孟加拉国	−0.52	109
摩洛哥	−0.24	82	印尼	−0.52	110
马里	−0.26	83	古巴	−0.52	111
布基纳法索	−0.27	84	埃及	−0.54	112

续表

国家或地区	EG	排名	国家或地区	EG	排名
巴基斯坦	－0.54	113	波黑	－0.81	130
刚果	－0.55	114	老挝	－0.81	131
中国	－0.58	115	布隆迪	－0.86	132
叙利亚	－0.63	116	也门	－0.86	133
几内亚	－0.64	117	刚果	－0.87	134
多哥	－0.69	118	塔吉克斯坦	－0.88	135
阿尔及利亚	－0.69	119	尼日利亚	－0.89	136
吉尔吉斯斯坦	－0.69	120	安哥拉	－0.96	137
喀麦隆	－0.69	121	海地	－1.00	138
卢旺达	－0.70	122	乌兹别克斯坦	－1.00	139
伊朗	－0.72	123	利比里亚	－1.04	140
白俄罗斯	－0.72	124	利比亚	－1.05	141
哈萨克斯坦	－0.73	125	苏丹	－1.10	142
塞拉利昂	－0.74	126	缅甸	－1.19	143
越南	－0.75	127	朝鲜	－1.29	144
乍得	－0.76	128	土库曼斯坦	－1.35	145
阿塞拜疆	－0.80	129	伊拉克	－1.52	146

数据来源：国际地球科学信息中心网，2008，“2005 Environmental Sustainability Index”。

表 3-4　2010 年世界各国及地区环境绩效 EPI 得分及排名

国家或地区	EG	排名	国家或地区	EG	排名
冰岛	93.5	1	奥地利	78.1	8
瑞士	89.1	2	古巴	78.1	9
哥斯达黎加	86.4	3	哥伦比亚	76.8	10
瑞典	86.0	4	马耳他	76.3	11
挪威	81.1	5	芬兰	74.7	12
毛里求斯	80.6	6	斯洛伐克	74.5	13
法国	78.2	7	英国	74.2	14

续表

国家或地区	EG	排名	国家或地区	EG	排名
新西兰	73.4	15	墨西哥	67.3	43
智利	73.3	16	爱尔兰	67.1	44
德国	73.2	17	罗马尼亚	67.0	45
意大利	73.1	18	加拿大	66.4	46
葡萄牙	73.0	19	荷兰	66.4	47
日本	72.5	20	马尔代夫	65.9	48
拉脱维亚	72.5	21	斐济	65.9	49
捷克共和国	71.6	22	菲律宾	65.7	50
阿尔巴尼亚	71.4	23	澳大利亚	65.7	51
巴拿马	71.4	24	摩洛哥	65.6	52
西班牙	70.6	25	白俄罗斯	65.4	53
伯利兹	69.9	26	马来西亚	65.0	54
安提瓜和巴布达	69.8	27	斯洛文尼亚	65.0	55
新加坡	69.6	28	叙利亚	64.6	56
塞尔维亚和黑山	69.4	29	爱沙尼亚	63.8	57
厄瓜多尔	69.3	30	斯里兰卡	63.7	58
秘鲁	69.3	31	格鲁吉亚	63.6	59
丹麦	69.2	32	巴拉圭	63.5	60
匈牙利	69.1	33	美国	63.5	61
萨尔瓦多	69.1	34	巴西	63.4	62
克罗地亚	68.7	35	波兰	63.1	63
多米尼加共和国	68.4	36	委内瑞拉	62.9	64
立陶宛	68.3	37	保加利亚	62.5	65
尼泊尔	68.2	38	以色列	62.4	66
苏里南	68.2	39	泰国	62.2	67
不丹	68.0	40	埃及	62.0	68
卢森堡	67.8	41	俄罗斯	61.2	69
阿尔及利亚	67.4	42	阿根廷	61.0	70

续表

国家或地区	EG	排名	国家或地区	EG	排名
希腊	60.9	71	沙特阿拉伯	55.3	99
文莱达鲁萨兰国	60.8	72	厄立特里亚	54.6	100
马其顿	60.6	73	斯威士兰	54.4	101
突尼斯	60.6	74	科特迪瓦	54.3	102
吉布提	60.5	75	特立尼达和多巴哥	54.2	103
亚美尼亚	60.4	76	危地马拉	54.0	104
土耳其	60.4	77	刚果	54.0	105
伊朗	60.0	78	民主党刚果共和国	51.6	106
吉尔吉斯斯坦	59.7	79	马拉维	51.4	107
老挝	59.6	80	肯尼亚	51.4	108
纳米比亚	59.3	81	加纳	51.3	109
圭亚那	59.2	82	缅甸	51.3	110
乌拉圭	59.1	83	塔吉克斯坦	51.3	111
阿塞拜疆	59.1	84	莫桑比克	51.2	112
越南	59.0	85	科威特	51.1	113
摩尔多瓦	58.8	86	所罗门群岛	51.1	114
乌克兰	58.2	87	南非	50.8	115
比利时	58.1	88	冈比亚	50.3	116
牙买加	58.0	89	阿拉伯利比亚民众国	50.1	117
黎巴嫩	57.9	90	洪都拉斯	49.9	118
圣多美和普林西比	57.3	91	乌干达	49.8	119
哈萨克斯坦	57.3	92	马达加斯加	49.2	120
尼加拉瓜	57.1	93	中国	49.0	121
韩国	57.0	94	卡塔尔	48.9	122
加蓬	56.4	95	印度	48.3	123
塞浦路斯	56.3	96	也门	48.3	124
乔丹	56.1	97	巴基斯坦	48.0	125
波斯尼亚和黑塞哥维那	55.9	98	坦桑尼亚	47.9	126

续表

国家或地区	EG	排名	国家或地区	EG	排名
津巴布韦	47.8	127	赤道几内亚	41.9	146
布基纳法索	47.3	128	朝鲜	41.8	147
苏丹	47.1	129	柬埔寨	41.7	148
赞比亚	47.0	130	博茨瓦纳	41.3	149
阿曼	45.9	131	伊拉克	41.0	150
几内亚比绍	44.7	132	乍得	40.8	151
喀麦隆	44.6	133	阿拉伯联合酋长国	40.7	152
印尼	44.6	134	尼日利亚	40.2	153
卢旺达	44.6	135	贝宁	39.6	154
几内亚	44.4	136	海地	39.5	155
玻利维亚	44.3	137	马里	39.4	156
巴布亚新几内亚	44.3	138	土库曼斯坦	38.4	157
孟加拉国	44.0	139	尼日尔	37.6	158
布隆迪	43.9	140	多哥	36.4	159
埃塞俄比亚	43.1	141	安哥拉	36.3	160
蒙古	42.8	142	毛里塔尼亚	33.7	161
塞内加尔	42.3	143	中非共和国	33.3	162
乌兹别克斯坦	42.3	144	塞拉利昂	32.1	163
巴林	42.0	145			

数据来源：国际地球科学信息中心网，2010，“2010 Environmental Performance Index”。

二、EKC曲线介绍及相关文献综述

由于中国面临着生态环境先天不足、后天失调，特别是加速实现工业化、城市化带来的多重压力，环境保护的实施效果不甚理想。据2007年全国单位GDP能耗和主要污染物排放情况，节能减排工作取得一定进展，比如二氧化硫排放量同比下降4.66%，化学需氧量同比下降3.14%，但与年初确定的下降7%和5%的目标，差距仍较大。①

① 张红凤，周峰，杨慧，郭庆．环境保护与经济发展双赢的规制绩效实证分析．经济研究，2009，3：14—26.

基于这种背景，能否有效控制环境污染，实现经济增长和环境保护的“双赢”至关重要。国内外有关环境问题和经济增长协调发展的文献较多，主要的研究方法有投入产出模型(Input-Output Model)、可计算的一般均衡模型(Computable General Equilibrium)①、环境库兹涅茨曲线(Environment Kuznets Curve，简称EKC)②、世代交替模型(Overlapping Generation Model)③。

其中，最为出名的莫过于EKC，该曲线最早由格鲁斯曼(Grossman)和克鲁格(Krueger)于1991年提出，他们通过对42个国家及地区的相关数据进行分析，发现部分环境污染物(颗粒物、二氧化硫等)排放量与经济增长之间的关系类似于反映收入分配和经济增长的Kuznets曲线，也呈现倒“U”型曲线关系，即在经济发展初期，经济的增长会加剧环境污染，但是一旦经济增长突破某一特定“转折点”，经济的继续增长反而有利于环境质量的改善。EKC假说提出后，引起了学者们的广泛重视，许多相关经验研究由此展开，主要检验各种环境污染物与经济增长之间是否符合倒“U”型的EKC关系，以及倒“U”型关系若存在，相应的拐点处于何种位置。虽然有许多实证研究者支持倒“U”型曲线的存在，如潘那约托(Panayotou)、达斯古普塔(Dasgupta)等，但也有许多实证研究发现，某些污染物和经济增长之间呈现线性乃至“N”型等多种关系。如世界银行(Word Bank)1992年和Shafik1994年的研究结果表明，随着人均收入的增加，人均二氧化碳排放量呈线性上升态势；珀曼(Perman)和斯特恩(Stern)在2003年的研究则认为在硫污染物和GDP之间不符合EKC曲线关系。大量非倒“U”型曲线关系的存在，引发学者们在分析两者关系时引入其他因素，如：特定地点变量，格鲁斯曼(Grossman)和克鲁格(Krueger)在1995年提出；收入分布、文化程度、民主政治、城市化比重，托拉斯(Torras)和柏宜斯(Boyce)于1998年提出等。

近年来，我国学者基于EKC也做了大量的实证研究。其中，既有对环境污染和经济增长关系的直接验证，也有对影响EKC曲线关系的其他因素的经验考察，如：国际贸易、FDI、外贸和环境政策、财政分权等。在进行经验分析时，采取何种形式的数据将影响分析的结果和可靠性，时间序列和截面数据分别因样本区间短和严重的“同质”缺陷，使得面板数据被越来越多的学者所采用。但面板数据也似乎在一定程度上默许了EKC假说暗含的“同质”假设，即随着经济的增长，各个国家经历了相似的环境影响轨迹，暗含着收入水平决定污染水

① Forsund, F. & Storm, S. (1988). Environmental Economics and Management: Pollution and Natural Resources, Croom Helm Press.

② Grossman, G. M. & Krueger, A. B. (1995). Economic Growth and the Environment, *Quarterly Journal of Economics*, 110:353—378.

③ John, A. & Pecchenino, R. (1994). An Overlapping Generation's Model of Growth and the Environment, *The Economic Journal*, 104:1393—1410.

平的涵义。[①] 率先实现工业化进程的国家和地区，在享受物质文明的同时，也逐步获得了环境的改善，而尚未完成工业化的国家和地区则可能因为贪图污染密集型产品的比较优势，而无法实现倒“U”型的发展轨迹。

三、从 EKC 曲线看中国环境规制与经济增长的“两难”与“双赢”

对于幅员辽阔的中国，各个省级行政区的工业化程度、收入水平等相差很大，仍基于“同质”假设从整体上进行曲线估计可能并不能得到准确的结果，李瑞娥、张海军等 2008 年等曾采用东、中、西和东北四分法对中国相关数据进行了分组考察。但是传统的四分法尚不能有效区分各省级行政区之间的差异性。因此，我们根据工业化程度和收入水平的不同对中国 31 个省级行政区[②]先进行分组，分成高工业化高收入、高工业化低收入、低工业化高收入和低工业化低收入四组，再进行经验分析，以期更为准确地描述环境污染和经济增长的关系，并为相应政策的制定提供理论基础。

1. 模型设置和数据说明

(1) 模型设置

在研究环境污染和经济增长关系之间的环境 EKC 上，回归模型的设定主要有以下两种情况：第一种是忽略其他因素，主要利用简约回归模型来考察环境污染和经济增长之间的关系；第二种是在简约回归模型的基础上，进一步添加控制变量，如特定地点变量，收入分布、文化程度、民主政治、城市化比重。

相对来说，第一种回归形式能够在二维空间里考察环境污染和经济增长的关系，也有利于在不同地区或者行业之间进行比较，但缺点是曲线关系可能不够精确，在不考虑不同国家或地区之间的控制变量时，可能会使国家或地区之间曲线关系的比较不具备可靠性，这也就是为什么相关控制变量会被添加到简约回归方程中的原因。但是相关控制变量的添加也会有一些缺点，即使得原本可以进行比较的二维关系变得不复存在，缺乏直观性，同时相关控制变量也往往因为数据不可得性或质量不可靠性，反而还不如直接采取简约回归形式。

本书为了能够在二维空间里比较中国不同省区之间在环境污染和经济增长之间的关系，同时也为了防止低质量的控制变量会降低环境污染和经济增长之间曲线关系的可靠性，拟采取简约线性回归方程来分析环境污染和经济增长之间的关系，基本模型的设定如下所示：

$$E_{it}=C+\beta_2 Y_{it}^{\ 2}+\beta_3 Y_{it}^{\ 3}+V_i+\varepsilon_{it} \tag{3-1}$$

---

① 韩玉军，陆旸. 经济增长与环境的关系——基于对 CO_2 环境库兹涅茨曲线的实证研究. 经济理论与经济管理，2009，3：5－11.

② 因数据采集等原因，香港特别行政区、澳门特别行政区及台湾省未能收入各组别进行分析。章节以下篇幅中不再一一标注。

式中，E_{it} 为第 i 个省份在第 t 年的各种污染物排放量；C 为不随个体变化的截距；Y_{it} 为第 i 个省份在第 t 年的人均收入水平；V_i 为个体效应，以此来体现个体之间的差异性；β 为待估参数；ε_{it} 为随机误差项。

环境污染和经济增长之间的曲线关系取决于 β_1、β_2 和 β_3 的取值，三个待估系数的不同取值会导致六种情况，具体见表 3-5。

表 3-5 环境污染和经济增长之间可能存在的曲线关系

取值			曲线形状
β_1	β_2	β_3	
小于 0	等于 0	等于 0	单调递减
大于 0	等于 0	等于 0	单调递增
小于 0	大于 0	等于 0	“U”型关系
大于 0	小于 0	等于 0	倒“U”型关系
小于 0	大于 0	小于 0	倒“N”型关系
大于 0	小于 0	大于 0	“N”型关系

（2）数据说明

考虑到不同污染物之间存在较大差异性，难以进行加总，在此选取三种污染物的排放量来度量环境污染，分别是：人均二氧化硫排放量、人均固体废弃物排放量和人均废水排放量。在度量经济增长的变量选择上一般是以 GDP 总量或人均 GDP 来衡量，本课题选取人均 GDP 为指标，并且为了去除通货膨胀因素，将人均收入根据人均 GDP 平减指数平减至 1990 年水平。

表 3-6 模型中相关变量的定义和说明

变量名	符号	变量定义	单位	数据来源
人均 GDP	aGDP	GDP 总量/总人口	元/人	《中国统计年鉴》《中国环境年鉴》《中国环境统计公报》
人均二氧化硫排放量	aSO_2	二氧化硫排放量/总人口	千克/人	
人均固体废弃物排放量	aSolid	固体废弃物排放量/总人口	千克/人	
人均废水排放量	aWater	废水排放量/总人口	千克/人	

为了能够在一定程度上降低整体面板数据在“同质”假设上存在的缺陷，我们根据工业化水平和收入水平对中国 31 个省级行政区进行了分组。在对中国 31 个省级行政区进行工业化程度分组时，以当地工业增加值占当地全部生产总值的比重来衡量，大于 40%的为高工业化程度地区，低于 40%的为低工业化程度地区。由于各个地区的工业化程度在样本年间具有一定波动性，为防止以固定年份的工业化率进行划分带来的任意性，以样本年间的平均工业化率作为

划分依据。然后，在对31个省级行政区进行高低收入地区的划分时，则综合考虑了两个指标：一是参考了2008年世界银行公布的国别收入分组标准，以人均GDP3855美元作为划分地区收入高低的标准之一，对2008年各地区的人均GDP进行划分；二是在求出31个省级行政区样本年间人均GDP平均值的基础上，发现人均GDP平均值在1万元时，出现一个较为明显的分层，因此，以人均GDP平均值1万元作为划分地区收入高低的第二个标准。基于上述工业化和收入水平的划分标准，可以将中国31个省级行政区划分成以下四组：高工业化高收入组（组一）、高工业化低收入组（组二）、低工业化高收入组（组三）、低工业化低收入组（组四）。表3-7是分组结果，表3-8是分组后相关变量的统计性描述。

表3-7　对中国31个省级行政区的分组结果

组　别	个数	抽样省份
高工业化高收入组	8	上海、天津、浙江、江苏、山东、广东、福建、辽宁
高工业化低收入组	5	湖北、河北、黑龙江、河南、山西
低工业化高收入组	1	北京
低工业化低收入组	17	重庆、内蒙古、贵州、甘肃、江西、陕西、青海、湖南、四川、海南、新疆、安徽、吉林、西藏、宁夏、云南、广西

表3-8　相关变量的统计性描述

组别	符号	最大值	最小值	平均值	标准差
高工业化高收入组	aGDP	12248.360	1618.492	4784.652	2584.547
	aSO_2	30.511	3.572	15.480	5.900
	aSolid	105.124	6.51E－05	5.297	10.798
	aWater	101882.500	9991.900	28220.640	16491.300
高工业化低收入组	aGDP	4553.700	1084.601	2618.369	849.544
	aSO_2	35.768	4.566	13.580	8.272
	aSolid	543.821	3.14E－04	34.058	78.113
	aWater	27833.820	9332.830	14832.290	4192.901
低工业化高收入组	aGDP	12853.990	5279.452	8984.717	2316.030
	aSO_2	19.196	3.409	12.030	5.250
	aSolid	197.441	5.17E－02	34.147	48.101
	aWater	36077.700	4936.283	20362.410	11733.630
低工业化低收入组	aGDP	4844.754	815.067	2186.500	699.044
	aSO_2	58.904	1.484	11.291	5.817
	aSolid	324.768	2.00E－04	31.192	39.756
	aWater	42721.140	3083.311	13277.020	6165.827

2. 实证结果及分析

本文基于中国1991—2008年31个省级行政区的面板数据，对式(3-1)的三类污染物指标和人均GDP进行经验分析。考虑到各个省级行政区之间存在较大差异，笔者希望截距项能够反映一定的个体特征，因此采用变截距模型。同时，截距项与解释变量之间存在着相关性，从定性的角度出发，固定效应更适合本模型的估计。似然比检验和Hausman检验结果也支持固定效应模型优于混合模型和随机效应模型。因此，笔者对非平衡的面板数据采用变截距固定效应模型进行相关变量参数的估计。在具体估计时，首先对同时包括人均GDP、人均GDP平方项和人均GDP立方项的方程进行估计，若立方项不显著则将其剔除后重新进行估计，若平方项仍不显著，则也将其剔除后进行估计。回归结果见表3-9、表3-10、表3-11、表3-12和表3-13。

表3-9　3类污染物与人均GDP的估计结果

组别	符号	值	C	Y	Y2	Y3	A-R2	*F*值
抽样省份	aSO_2	系数	4.994[a]	4.40E−03[a]	−3.31E−07[a]		0.886	132.811
		*t*值	8.617	17.119	−15.085			0.000
	aSolid	系数	51.595[a]	−1.47E−02[a]	2.15E−06[a]	−1.13E−10[a]	0.666	31.749
		*t*值	14.465	−4.836	3.022	−2.811		0.000
	aWater	系数	24856.380[a]	−4.972[a]	1.16E−03[a]	−8.31E−08[a]	0.786	61.382
		*t*值	25.396	−6.027	5.836	−6.729		0.000
高工业化高收入组	aSO_2	系数	6.824[a]	3.36E−03[a]	−2.52E−07[a]		0.800	64.358
		*t*值	5.423	7.329	−6.093			0.000
	aSolid	系数	14.450[a]	−2.06E−03[a]			0.663	33.754
		*t*值	21.567	−13.939				0.000
	aWater	系数	16101.580[a]	8.192[a]	−9.17E−04[a]			72.478
		*t*值	6.483	7.151	−6.89		0.818	0.000
高工业化低收入组	aSO_2	系数	−4.971	1.15E−02[a]	−1.53E−06[a]		0.889	119.270
		*t*值	−1.606	4.698	−3.318			0.000
	aSolid	系数	41.834[a]	−3.01E−03[a]			0.414	13.269
		*t*值	18.189	−3.458				0.000
	aWater	系数	24687.160[a]	−13.554[c]	6.52E−03[b]	−9.92E−07[a]	0.593	19.506
		*t*值	3.98	−1.749	2.132	−2.623		0.000
低工业化高收入组	aSO_2	系数	31.100[a]	−2.12E−03[a]			0.869	113.764
		*t*值	16.873	−10.666				0.000
	aSolid	系数	1316.473[a]	−0.392[b]	3.92E−05[b]	−1.30E−09[b]	0.803	22.744
		*t*值	3.5	−2.89	2.504	−2.246		0.000
	aWater	系数	−83054.59	50.179[b]	−6.54E−03[a]	2.48E−07[a]	0.931	77.948
		*t*值	−1.567	2.62	−2.953	3.012		0.000

续表

组别	符号	值	C	Y	Y2	Y3	A-R2	*F* 值
低工业化低收入组	aSO_2	系数	9.212[a]	−1.52E−03[c]	1.02E−06[a]		0.888	118.735
		t 值	9.548	−1.706	5.09			0.000
	aSolid	系数	39.645[a]	2.82E−02[c]	−2.00E−05[b]	2.64E−09[b]	0.672	30.003
		t 值	2.993	1.712	−2.475	2.495		0.000
	aWater	系数	23731.440[a]	−8.963[a]	1.73E−03[a]		0.719	38.959
		t 值	12.842	−4.675	2.976			0.000

注：[a]表示1%的水平上显著，[b]表示5%的水平上显著，[c]表示10%的水平上显著。

表 3-10　3 类污染物与人均 GDP 的曲线形状及拐点值

组　别	符号	曲线形状	拐点
抽样省份	aSO_2	倒"N"型	1228;5638
	aSolid	倒"U"型	1066
	aWater	倒"N"型	2139;3197
高工业化高收入组	aSO_2	倒"N"型	1455;6701
	aSolid	倒"U"型	1164
	aWater	倒"N"型	1958;4632
高工业化低收入组	aSO_2	倒"U"型	6070
	aSolid	倒"N"型	无实数解
	aWater	倒"N"型	1571;2276
低工业化高收入组	aSO_2	倒"U"型	5683
	aSolid	倒"N"型	无实数解
	aWater	"N"型	6128;16240
低工业化低收入组	aSO_2	"N"型	无实数解
	aSolid	"N"型	1113;4380
	aWater	"N"型	836;2738

注：拐点的值是按照 1990 年不变价格计算。

表 3-11　各省级行政区个体效应的估计值

抽样省份				分　组			
	aSO_2	aSolid	aWater		aSO_2	aSolid	aWater
福建	−0.6942	−0.6452	0.3544	高工业化高收入组	−0.7255	−1.1712	−0.1736
广东	−0.3776	0.4682	0.2018		−0.3798	0.1228	−0.4133
江苏	0.0842	−2.8420	0.7089		0.0732	−3.2663	0.1313
辽宁	0.2072	2.4923	0.5918		0.2030	2.2674	−0.0759

续表

抽样省份				分　组			
	aSO_2	aSolid	aWater		aSO_2	aSolid	aWater
山东	0.3468	−3.4340	−0.2459	高工业化高收入组	0.3079	−3.9767	−0.7638
上海	0.8577	5.8170	2.4243		0.4710	6.7501	1.4783
天津	0.2618	2.4156	0.5956		0.1874	2.5209	−0.2116
浙江	−0.1249	−0.2803	0.6209		−0.1373	−0.6716	0.0285
河南	−0.1365	−2.8465	−0.3664	高工业化低收入组	−0.2086	−1.8865	−0.3064
山西	0.6071	0.1753	−0.5139		0.8875	2.9392	−0.2423
湖北	−0.2729	−1.0729	0.1917		−0.3547	−0.4522	0.2639
河北	0.4439	−0.3715	−0.0651		0.3540	0.3877	−0.0072
黑龙江	−0.6806	−2.1223	−0.0516		−0.6782	−1.1118	0.2920
北京	−0.0969	7.5960	0.9299	低工业化高收入组	0.0000	0.0000	0.0000
贵州	0.7940	0.2493	−1.2035	低工业化低收入组	0.8072	0.3425	−0.9494
甘肃	0.5130	−0.2220	−0.4835		0.5370	0.0049	−0.1983
云南	−0.2528	1.1027	−0.5832		−0.1913	1.4197	−0.2337
广西	0.5246	−0.5067	0.2914		0.5538	−0.2799	0.5796
江西	−0.0765	−1.8311	−0.1844		−0.0544	−1.6004	0.0951
陕西	0.6071	0.1753	−0.5139		0.6663	0.4598	−0.1627
青海	−0.4959	0.3941	−0.4802		−0.4652	0.6216	−0.0998
湖南	−0.0425	−0.4274	0.1946		0.0187	−0.1084	0.5516
四川	0.1328	0.0688	−0.1767		0.2004	0.4283	0.1732
海南	−1.3362	−5.0316	−0.5098		−1.2605	−4.6611	−0.1204
重庆	0.6735	1.1352	0.3895		0.7547	1.5167	0.7753
新疆	−0.0445	2.7437	−0.4640		−0.1984	2.5185	−0.1800
吉林	−0.3662	−1.2098	−0.0609		−0.3513	−0.9805	0.3227
安徽	−0.3013	−4.9008	−0.3406		−0.2813	−4.6800	−0.0658
西藏	−3.0822	0.3252	−1.1056		−3.0318	0.7169	−0.7758
内蒙古	1.0408	1.1426	−0.4036		1.0683	1.3716	−0.0349
宁夏	1.2134	0.6760	0.2061		1.2094	0.8292	0.5534

表3-12　中国31个省级行政区在3种污染物排放上和人均GDP的关系现状(一)

	组别	两难	双赢
二氧化硫	抽样省份	福建、广东、江苏、辽宁、山东、上海、天津、浙江、河南、山西、湖北、河北、黑龙江、贵州、甘肃、云南、广西、江西、陕西、青海、湖南、四川、海南、重庆、新疆、安徽、吉林、西藏、内蒙古、宁夏	北京、上海、天津
	高工业化高收入组	福建、广东、江苏、辽宁、山东、浙江	上海、天津
	高工业化低收入组	河南、山西、湖北、河北	黑龙江
	低工业化高收入组		北京
	低工业化低收入组	贵州、甘肃、云南、广西、江西、陕西、青海、湖南、四川、海南、重庆、新疆、安徽、吉林、西藏、内蒙古、宁夏	
固体废弃物	抽样省份		31个省级行政区
	高工业化高收入组		福建、广东、江苏、辽宁、山东、上海、天津、浙江
	高工业化低收入组		河南、山西、湖北、河北、黑龙江
	低工业化高收入组		北京
	低工业化低收入组	新疆、宁夏	贵州、甘肃、云南、广西、江西、陕西、青海、湖南、四川、海南、重庆、安徽、吉林、西藏、内蒙古
废水	抽样省份	辽宁、广东、浙江、新疆、江苏、黑龙江、宁夏、青海、内蒙古、吉林、山东、福建、山西	北京、上海、天津、湖北、陕西、河北、湖南、海南、河南、云南、重庆、西藏、四川、甘肃、广西、江西、安徽、贵州
	高工业化高收入组	福建、山东	广东、江苏、辽宁、上海、天津、浙江
	高工业化低收入组		河南、山西、湖北、河北、黑龙江
	低工业化高收入组		北京
	低工业化低收入组	云南、陕西、青海、湖南、四川、海南、重庆、新疆、吉林、西藏、内蒙古、宁夏	甘肃、广西、江西、安徽、贵州

表 3-13　中国 31 个省级行政区在 3 种污染物排放上和人均 GDP 的关系现状(二)

	二氧化硫					固体废弃物					废水				
	抽样省份	组一	组二	组三	组四	抽样省份	组一	组二	组三	组四	抽样省份	组一	组二	组三	组四
福建	↗	↗				↘	↘				↗[e]	↗			
广东	↗	↗				↘	↘				↗[e]	↘			
江苏	↗	↗				↘	↘				↗[e]	↘			
辽宁	↗	↗				↘	↘				↗[e]	↘			
山东	↗	↗				↘	↘				↗[e]	↗			
上海	↘	↘				↘	↘				↘[f]	↘			
天津	↘	↘				↘	↘				↘[f]	↘			
浙江	↗	↗				↘	↘				↗[e]	↘			
河北	↗		↗			↘		↘			↘[d]		↘[f]		
河南	↗		↗			↘		↘			↘[d]		↘[f]		
黑龙江	↗		↘			↘		↘			↗[e]		↘[f]		
湖北	↗		↗			↘		↘			↘[d]		↘[f]		
山西	↗		↗			↘		↘			↗[e]		↘[f]		
北京	↘			↘		↘			↘[f]		↘[f]			↗[c]	
安徽	↗				↗	↘				↘[b]	↘[d]				↘
甘肃	↗				↗	↘				↘[b]	↘[d]				↘
广西	↗				↗	↘				↘[b]	↘[d]				↘
贵州	↗				↗	↘				↘[b]	↘[d]				↘
海南	↗				↗	↘				↘[b]	↘[d]				↗
湖南	↗				↗	↘				↘[b]	↘[d]				↗
吉林	↗				↗	↘				↘[b]	↗[e]				↗
江西	↗				↗	↘				↘[b]	↘[d]				↗
内蒙古	↗				↗	↘				↘[b]	↗[e]				↗
宁夏	↗				↗	↘				↗[c]	↗[e]				↗
青海	↗				↗	↘				↘[b]	↗[e]				↗
陕西	↗				↗	↘				↘[b]	↘[d]				↗

续表

	二氧化硫					固体废弃物					废水				
	抽样省份	组一	组二	组三	组四	抽样省份	组一	组二	组三	组四	抽样省份	组一	组二	组三	组四
四川	↗				↗	↘				↘[b]	↘[d]				↗
西藏	↗				↗	↘				↘[b]	↘[d]				↗
新疆	↗				↗	↘				↗[c]	↗[e]				↗
云南	↗				↗	↘				↘[b]	↘[d]				↗
重庆	↗				↗	↘				↘[b]	↘[d]				↗

注：↗表示该地区目前在污染物排放上随着人均GDP增长而上升，↘表示该地区目前在污染物排放上随着人均GDP增长而下降；若其处于"N"型曲线中且有实数拐点解，a、b、c分别表示一次上升、一次下降和二次上升；若其处于倒"N"型曲线中且有实数拐点解，d、e、f分别表示一次下降、一次上升和二次下降。

(1) 人均二氧化硫排放量与人均GDP的EKC检验

回归结果表明，抽样省份人均二氧化硫排放量和人均GDP之间符合倒"U"型关系，拐点为6639元（以1990年不变价格表示①），当人均GDP低于6639元时，人均二氧化硫排放量随着人均GDP的上升而增加，一旦人均GDP突破6639元，人均GDP的继续上升反而有利于降低人均二氧化硫排放量。目前抽样省份组中的北京、上海和天津的人均GDP超过了拐点，实现了"双赢"，而剩余的28个省级行政区的人均GDP则尚未达到这一理论拐点。

考虑到中国不同省级行政区的工业化水平和人均收入水平存在较大差异，本文对分组后的四个组亦进行了回归分析。其中，高工业化高收入组（组一）和高工业化低收入组（组二）中Y的立方项未能通过显著性检验，人均二氧化硫排放量和人均GDP之间均符合倒"U"型关系，拐点分别为6675元和3760元，通过比对这两组样本在2008年的人均GDP与理论拐点的大小，发现组一中的上海、天津和组二中的黑龙江跨过了拐点，其他的尚未跨过拐点；而低工业化高收入组（组三）中Y的立方项和平方项都未能通过显著性检验，该组的人均二氧化硫排放量随着人均GDP的增加而单调递减，也实现了二氧化硫减排和经济增长的"双赢"；低工业化低收入组（组四）中Y的立方项没能通过显著性检验，人均二氧化硫排放量和人均GDP之间符合"U"型关系，拐点为745元，该组中的所有省级行政区在当前的人均GDP均已超过拐点，意味着该组中人均二氧化硫排放量随着人均GDP的上升而增加。

① 本章节以下篇幅中的收入值，如不特别标注，均以1990年不变价格表示。

图 3-1 中给出了抽样省份和四组人均二氧化硫排放量和人均 GDP 的曲线图，从图中可以较为直观地看出 5 条曲线的形状和位置。在四组中，能够实现二氧化硫减排和经济增长“双赢”的为组三，组一和组二的大部分省级行政区以及组四的所有省级行政区均处于二氧化硫减排和经济增长的“两难”困境之中。四组中的各省级行政区在二氧化硫减排和经济增长的处境上和抽样省份组中各省级行政区的处境吻合度较高，只有黑龙江出现了不一致的情况。

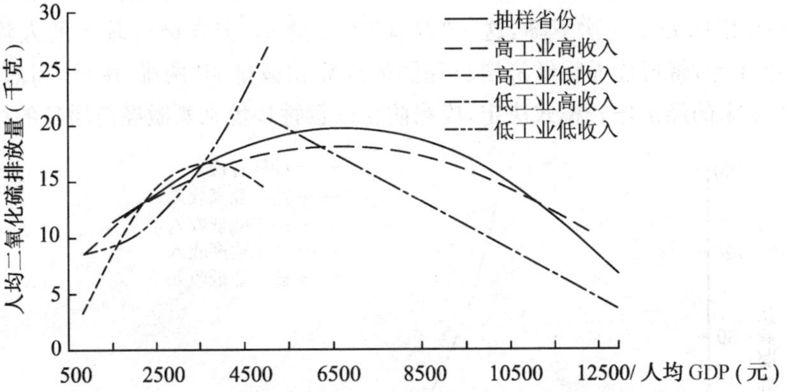

图 3-1　人均二氧化硫排放量和人均 GDP 的曲线图

(2) 人均固体废弃物排放量与人均 GDP 的 EKC 检验

回归结果显示，抽样省份人均固体废弃物排放量和人均 GDP 之间符合倒“N”型关系，虽然立方项通过了显著性检验，但是拐点处无实数解，故无法确定拐点的具体位置。因此，笔者认为全国大多数省级行政区的人均固体废弃物排放量和人均 GDP 之间更类似一种负相关关系。组一和组二中 Y 的平方项和立方项均未能通过显著性检验，人均固体废弃物排放量和人均 GDP 之间均符合负相关关系；组三中 Y 的平方项和立方项通过了显著性检验，人均固体废弃物排放量和人均 GDP 之间符合倒“N”型关系，这一倒“N”型曲线的两个拐点分别为 9360 元和 10743 元，当其人均 GDP 低于 9360 元时，人均固体废弃物排放量随着人均 GDP 的上升而下降，一旦人均 GDP 突破 9360 元时，人均固体废弃物排放量随着人均 GDP 的上升而增加，随着人均 GDP 的继续增加，在突破 10743 元之后，人均 GDP 的提高则有利于降低人均固体废弃物排放量。组三(即北京市)在 2008 年的人均 GDP 已经突破第二转折点，因此，随着组三人均 GDP 的继续增加，人均固体废弃物排放量呈下降趋势；组四中 Y 的平方项和立方项虽然也通过显著性检验，但是人均固体废弃物排放量和人均 GDP 之间符合“N”型关系，两个拐点分别为 847 元和 4204 元，经济意义和组三恰恰相反，该组中的新疆和宁夏处于“N”型曲线的二次上升阶段，而其余的 15 个省级行政区正处于该曲线的一次下降阶段。

从图 3-2 中可以直观地看出抽样省份和四组人均固体废弃物排放量和人均 GDP 曲线的形状和位置，抽样省份、组一和组二中的人均固体废弃物排放量和人均 GDP 之间基本符合较为平缓的负相关关系，随着人均 GDP 的继续增加，均有利于降低人均固体废弃物排放量；组三和组四的曲线较为复杂，且下降部分比上升部分更为陡峭，虽然组三（即北京市）和组四中大部分省级行政区当前的人均收入均使其位于各自曲线的下降阶段，但是组四的前景颇让人担忧，因为一旦组四处于一次下降，这一“双赢”阶段的 15 个省级行政区的人均收入突破 4204 元，将可能面临经济增长和固体废弃物减排的“两难”困境，当然，这也要受其未来的经济增长模式决定，应当防止以牺牲环境来刺激经济增长的行为。

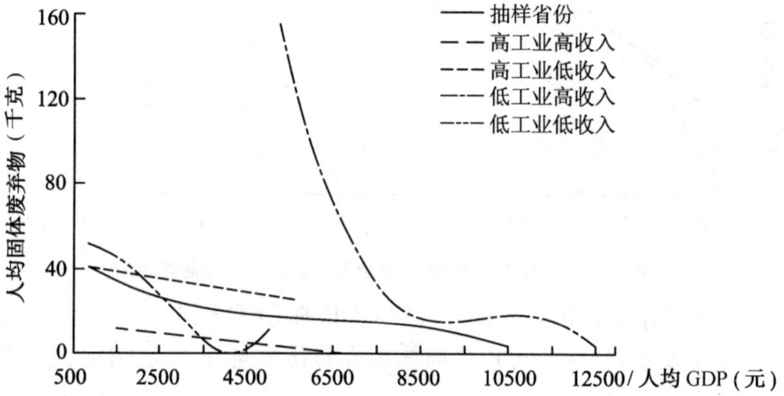

图 3-2　人均固体废弃物排放量和人均 GDP 的曲线图

(3) 人均废水排放量与人均 GDP 的 EKC 检验

从回归结果中，可以看出抽样省份人均废水排放量和人均 GDP 之间符合倒“N”型关系，两个转折点分别为 3388 元和 5886 元，当人均 GDP 低于 3388 元时，人均 GDP 的上升有助于降低人均废水排放量；当人均 GDP 突破 3388 元时，人均废水排放量随着人均 GDP 的上升而增加；但若人均 GDP 继续上升至 5886 元后，人均废水排放量随着人均 GDP 的上升而下降。2008 年抽样省份组中有湖北、陕西、安徽等 15 个省级行政区处于一次下降阶段，辽宁、广东和山东等 13 个省级行政区处于一次上升阶段，而北京、上海和天津处于二次下降阶段。进一步考察分组检验结果，发现组一中 Y 的立方项未能通过显著性检验，该组人均废水排放量和人均 GDP 之间符合倒“U”型关系，拐点位于 4467 元，而该组中 2008 年除了福建和山东的人均 GDP 略低于拐点水平，其余均已跨过拐点实现“双赢”；虽然组二、组三中 Y 的平方项和立方项均通过了显著性检验，但两组的曲线形状差异较大，分别呈现倒“N”型和“N”型关系，其中组二的两个理论拐点分别为1696元和2685元，组三的两个拐点分别为5649元和11940元，组二中的所有省级行政区均已跨过了该曲线的第二个理论拐点，正处于二次下降的“双赢”，而组三的省级行政区则正处于二次上升阶段的“两难”，不过鉴于该组在二次上升阶段的数据太少，未来的长期发展趋势是否会一直处于废水减排和经济增长的“两难”尚不能十分确定；组四的拟合结果显示该组的曲线形状为“U”型，其相应的理论拐点为2590元，对比该组当前人均GDP和该拐点值的大小，发现甘肃、广西和江西等5个省级行政区处于曲线的下降阶段，而其余的处于该曲线的上升阶段。

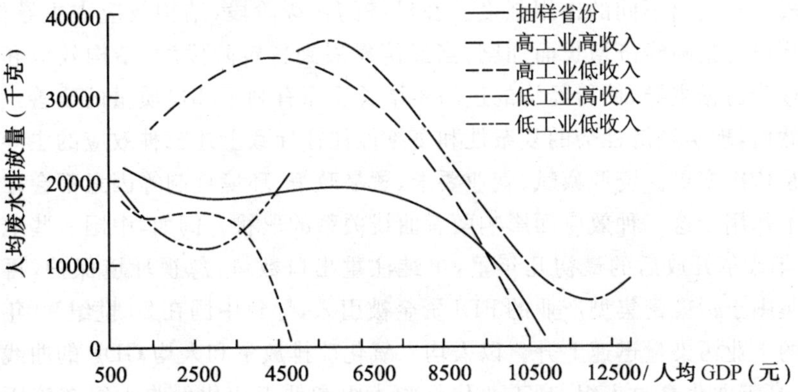

图3-3 人均废水排放量和人均GDP的曲线图

人均废水排放量和人均GDP的五个拟合方程中，四个分组中各省级行政区的处境和抽样省份组中对应省级行政区的处境相比，发生变动的省级行政区数高达14个，而在二氧化硫和固体废弃物指标上，处境发生变动的省级行政区个数分别只有1个和2个。但也正是这种差异性才表明了分组的必要性。目前，组一中的大多数省级行政区和组二中的全部省级行政区已经实现废水减排和经济增长的“双赢”；而组三和组四中的大多数省级行政区则正处于废水减排和经济增长的“两难”阶段，人均废水排放量随着人均GDP的上升而增加。不过，组三因数据缺乏尚不能确定该趋势是否准确。但组四中12个省级行政区的“两难”处境是值得我们深思的，虽然该组有5个省级行政区正处于“U”型曲线的下降阶段，但未来发展方向堪忧，如安徽对淮河的整治往往是短期的，缺乏长期效力，如何设置合理的环境规制、优化产业结构，为该组中的省级行政区创造新的经济增长点，使其朝良好的方向转变将是未来工作的重点和难点所在。

(4) 对三种人均废弃物排放量与人均GDP曲线关系的进一步分析

从图3-1、图3-2和图3-3中可以看出，三种废弃物人均排放量和人均GDP之间的曲线关系具有多种形态，可以用经济增长引致的“规模效应”、“结构效应”和“技术效应”对其加以解释。其中，规模效应是指，随着经济规模的扩大，会消耗大量的资源品和能源品，从而产生较大规模的污染排放量，因此，规模效应会对污染排放量上升起到正向促进作用。随着经济水平的继续增长，经济结构发生转变和优化，由过去的污染密集型产业转变成技术密集型和服务型产业，此种结构性转变有利于降低污染排放量，这就是所谓的结构效应。同时，经济的发展会推动技术进步，而技术进步会通过直接效应和间接效应两种形式降低单位产出的污染排放量，从而实现了技术效应。结构效应和技术效应是推动环境改善和优化的正面力量。上述三种效应往往同时存在，但在经济的不同发展阶段会表现出不同的作用强度。在经济的初级阶段，结构效应占主导作用，导致环境污染随经济增长而加剧；当经济发展到特定阶段后，结构效应和技术效应逐步占据主导，使得经济的进一步增长反而有利于环境质量的改善。

然而，现实经济社会的复杂性和多维性往往导致上述三种效应的主导地位并不是依次变更。资源禀赋、就业要求、贸易政策、环境规制等因素都会在一定程度上作用于这三种效应而影响两者曲线关系的形状。例如，中国一些地区在1978年改革开放后的最初几年里，单纯注重出口数量，忽视环境保护，再加上大量集中于污染密集型产业的FDI资金被引入，导致中国在20世纪90年代中后期的工业污染量迅速上升。以人均二氧化硫排放量和人均GDP的曲线关系为例，高工业化高收入组、高工业化低收入组和低工业化低收入组在该历史阶段追求工业规模的扩大，普遍排放了大量的二氧化硫，形成了上升的曲线关系。但随着产业结构的升级、各项环境规制政策的出台和实施，高工业化高收入组和高工业化低收入组的部分省份在结构效应和技术效应的作用下，顺利突破了“拐点”，实现了“双赢”，但低工业化低收入组因为工业化比重本身较低，该组的许多省份仍在追求工业比重的进一步提高，对各项环境规制政策的实施力度不强，污染物在短期内依然呈现继续上升趋势，未来的趋势如何还有待于该组的未来经济走向。作为低工业化高收入组唯一成员的北京，其工业化比重基本处于逐步降低态势，由1991年的0.43降至2008年的0.21，已经迈进了清洁的服务型经济阶段，所以该组的人均二氧化硫排放量随着人均GDP的增长单调递减。而综合考虑大多数省份的抽样省份数据则显示了先上升后下降的倒“U”型曲线关系。相比较而言，分组后的拟合曲线比抽样省份拟合曲线更能准确地描述中国各地区人均二氧化硫排放量和人均GDP增长之间的关系。

对比抽样省份和四个分组分别在人均二氧化硫、固体废弃物、废水和人均GDP的曲线关系，可以发现抽样省份和四个分组在三种废弃物EKC曲线关系中所处位置有所差异。这种差异性不仅体现在曲线的形状上，如抽样省份组在三种废弃物的曲线关系上，在曲线走势上差异较大，但最终都趋于下降态势；这种差异性还体现在曲线的高低位置上，高工业化高收入组的人均二氧化硫和废水的EKC曲线位置处于各自图表中的较高位置，但固体废弃物的EKC曲线位置和其他分组相比很低，这是因为该组的工业普遍集中于二氧化硫和废水排放密集型产业，较少分布于固体废弃物排放密集型产业；而高工业化低收入组、低工业化高收入组和低工业化低收入组在三种污染物曲线图中的相对位置的差异没有高工业化高收入组那么大，表明这三组中的省份在不同污染物密集型产业中的分布差距相对较小。

同时，考察抽样省份和各组的变截距效应后发现(表3-11)，各个省级行政区的固定效应有所不同，这是由各省级行政区工业化比重和工业部门倚重的不同等因素引致的。相对而言，一个省的工业化比重越高，人均GDP增长由工业增长引致的比重就相对越大，那么就不可避免地会导致这些省份在相同收入时具备更高的截距项，即其固定效应值相对较高。而同时，不同省份对具体工业部门的不同选择也会影响这一固定效应的具体值，倾向于发展二氧化硫排放密集型产业的省份，其在对应的拟合结果中就相对拥有较大的固定效应。

第三节　小结

本章首先总结了中国的环境规制发展历程，并从时间和截面两个维度对中国的环境规制现状做了一个基本介绍，在此基础上，基于EKC曲线对中国环境规制和经济增长的关系做了一个全面的分析。

在分析中国环境规制和经济增长关系现状时，笔者利用中国1991－2008年31个省级行政区的面板数据，研究了三种废弃物人均排放量与人均GDP之间的关系。考虑到EKC“同质”假设可能会影响经验分析的可靠性，本文基于工业化程度和人均收入水平将中国31个省级行政区分成四组：高工业化高收入组、高工业化低收入组、低工业化高收入组和低工业化低收入组，从而更为准确地描述环境污染与经济增长的关系，并得出以下结论：

第一，环境污染与经济增长的关系具有多种表现形态，这主要取决于地区和污染指标的选取。基于抽样省份的数据，人均二氧化硫、固体废弃物和废水排放量与人均GDP之间分别具备倒“U”型、倒“N”型和倒“N”型关系；处于高工业化高收入组中的省级行政区，三种污染物与人均GDP之间则分别呈现倒“U”型、单调递减和倒“U”型关系；处于高工业化低收入组中的省级行政区，三种污染物与人均GDP之间则分别呈现倒“U”型、单调递减和倒“N”型关系；低工业化高收入省级行政区的三种污染物和人均GDP分别呈现单调递减、倒“N”型和“N”型关系；至于低工业化低收入地区，则分别呈现“U”型、“N”型和

"U"型曲线关系。从中可以发现,曲线的差别性不仅体现在不同污染物上,不同组之间及和抽样省份组之间也具有较大差异,这说明基于工业化程度和收入的不同进行分组是十分有必要的。

第二,抽样省份组和不同"组别"的当前经济水平给不同污染物带来的内生性影响是不同的。在拟合出环境污染和经济增长的曲线关系后,我们进一步考察了当前的经济水平和曲线拐点的大小,以此确定不同污染物和经济增长之间处于"两难"还是"双赢"的格局。从中发现:抽样省份组中除了北京、上海和天津之外的28个省级行政区正处于二氧化硫减排和经济增长的"两难"之中;抽样省份组中的所有省级行政区在固体废弃物减排和经济增长之间已经实现"双赢";抽样省份组的18个省级行政区在废水减排和经济增长之间实现了"双赢",其中有15个省级行政区和3个省级行政区分别处于一次下降和二次下降阶段,剩余的13个省级行政区尚处于废水减排和经济增长的"两难"之中。分组检验中,高工业化高收入组和高工业化低收入组的全部或大部分省级行政区在固体废弃物和废水减排上与经济增长实现了"双赢",但在二氧化硫指标上大多尚处于倒"U"型曲线的左侧上升阶段;低工业化低收入组的省级行政区在二氧化硫和固体废弃物指标上已经实现了"双赢",虽然在废水指标上处于"两难",但由于"二次上升"处的数据较少,未来的长期发展趋势是否会一直处于废水减排和经济增长的"两难"尚不能十分确定;低工业化低收入组的大部分省级行政区在二氧化硫和废水指标上正处于减排和经济增长的"两难"之中,虽然在固体废弃物指标上,大部分省级行政区尚处于"双赢"之中,但曲线显示其未来发展趋势将会是"两难"。因此,相对而言,中国在二氧化硫减排上的难度主要存在于高工业化高收入组、高工业化低收入组和低工业化低收入组;在固体废弃物减排上的难度主要存在于低工业化低收入组;在废水减排上的难度主要是低工业化高收入组和低工业化低收入组。

第四章　环境规制与 S-C-P 范式

第一节　环境规制与市场结构

一、市场结构及其计量

1. 市场结构的基本涵义

所谓市场结构，是指“市场的组织特征，即市场的各构成要素及其组织方式或结合方式，实际地讲，就是对竞争的性质和市场定价具有战略性影响的市场的那些组织特征，如卖方集中度、买方集中度、产品差异化和市场的进入退出条件等”。市场结构的核心问题就是研究垄断和竞争之间的关系问题。

根据不同的标准，市场结构可以进一步划分成不同的类型。1933 年，美国经济学家张伯伦和英国经济学琼·罗宾逊出版了《垄断竞争理论》和《不完全竞争经济学》，不谋而合地提出了垄断经济理论，将市场结构的子类型由过去的完全竞争和完全垄断两种极端的类型，进一步扩充为完全竞争、垄断竞争、寡头垄断和完全垄断四种类型。每种市场结构类型的特征说明见表 4-1。

表 4-1　各类市场结构的特征

市场类型	完全竞争	垄断竞争	寡头垄断	完全垄断
厂商数目	众多	很多	几个	一个
产品差异程度	完全无差别	有差别	有差别或无差别	唯一的产品，且没有相近的替代品
对价格控制的程度	没有	有一些	相当程度	很大程度，但经常受到管制
进出的难易程度	很容易	比较容易	比较困难	很困难，几乎不可能
接近哪种商品市场	农产品	轻工、服装、食品饮料、零售业	钢铁、石油、汽车	公共事业，如水、电行业

2. 市场结构的计量

在做研究时，常常需要对市场结构进行计量，以此来分析市场结构的变动会对市场行为和市场绩效带来怎样的影响，或者研究市场行为和市场绩效的变动又会反过来使市场结构发生如何的变动。概括来说，目前文献中主要是从三个角度对市场结构进行计量：第一种是基于产品差异程度为基准的计量方法，第二种是基于市场绩效为基准的计量方法，第三种是基于企业规模分布为基准的计量方法。各种计量方法的具体运用见表 4-2。

表 4-2　市场结构的三类计量方法

		方法介绍	运用标准	优劣
以产品差异程度为基准	产品需求的交叉价格弹性	需求的交叉弹性是指某一产品的需求量变动的百分比与另一产品的价格变动的百分比之间的比率。A 的需求对 B 价格的交叉弹性 E_c＝A 需求变化的百分比/B 价格变化的百分比； $E_c>0$，A、B 为替代关系； $E_c<0$，A、B 为互补关系； $E_c=0$，A 和 B 不相关	对同一产业内部不同企业产品进行计算，当产品的交叉价格弹性越大（大于 0），产品差异性越小，说明市场的竞争性越强；反之亦然	由于收集计算需求价格弹性所需要的数据难度较大，使得该指标的实用价值有限
	广告强度	广告强度＝AD/SL AD 是产品广告费用的绝对金额；SL 是产品销售额	广告强度越大，产品差异性越大，说明市场的垄断性越强；反之亦然	收集企业广告活动的数据相对容易，因此广告强度是分析产品差异化程度时较常使用的指标
以市场绩效为基准	勒纳指数	勒纳垄断势力指数＝$(P-MC)/P$；P 为产品价格，MC 为生产该产品的边际成本	勒纳指数在 0 至 1 之间变动，数值越大，价格在边际成本上的加成越多，垄断势力越强，市场结构越趋于垄断	(1) 边际成本的度量较为困难；(2) 产品质量因素需要数量化；(3) 无法解释 P 与 MC 之间的差异是企业行为的结果还是社会成本增加所导致的
	贝恩指数	贝恩指数即超额利润率，等于 Π_e/V。而 Π_e 为超额利润或纯经济利润，等于 $R-C-D-iV$； 其中，R 为总收益，C 为当期成本，D 为折旧，V 是业主的投资额，i 是从投资中可以获得的正常收益率	该指数是通过考察利润率来确定垄断势力的大小。其理论依据是：如果某一市场持续存在超额利润，该市场就存在垄断因素	贝恩指数是对可能的垄断势力而不是实际垄断势力的直接度量

续表

<table>
<tr><th colspan="2"></th><th>方法介绍</th><th>运用标准</th><th>优劣</th></tr>
<tr><td>以市场绩效为基准</td><td>帕潘德里欧渗透系数和隔离系数</td><td>渗透系数计算的是一家企业渗透进竞争对手市场的能力。通过计算渗透系数可描述因其他企业价格变化引起某家企业销售量变动的幅度。隔离系数是考察企业防止其他企业渗透的能力</td><td></td><td>在实际研究中，没有人找到合理应用这些指数的方法</td></tr>
<tr><td rowspan="3">以企业规模分布为基准</td><td>市场集中度</td><td>产业集中度是衡量某一产业市场竞争或垄断程度的最常见的指标。产业集中度通常以在规模（如销售额、资产额、增加值、职工人数）上处于前几位的企业的市场占有率来表示。其计算公式为：
$CR_n = \sum_{i=1}^{n} X_i / \sum_{i=1}^{N} X_i$
其中，N 是全部企业数目；n 表示前几位的企业数，通常 $n=4$ 或 8。即 4 企业集中度或 8 企业集中度；X 表示规模、销售额、职工人数等指标</td><td>当某行业的市场集中度越高，说明该行业越趋于垄断，反之亦然</td><td>（1）只能反映最大几个企业的总体规模，未能全面考察其余企业的规模分布情况；（2）未能考虑国际关系、产品之间的替代关系以及政府管制等因素的影响；（3）4 企业或 8 企业的选择具备主观随意性</td></tr>
<tr><td>洛伦茨曲线与基尼系数</td><td>洛伦茨曲线：
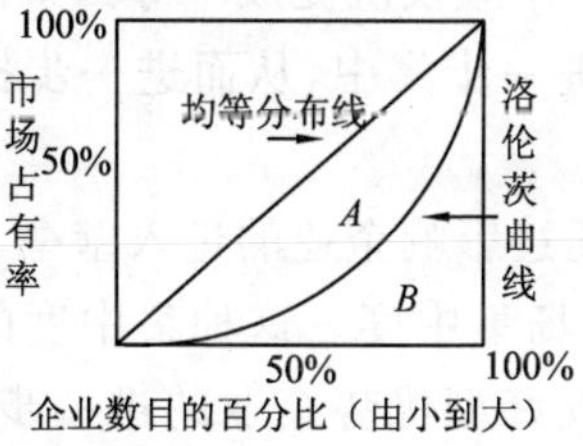
基尼系数 $=A/B$</td><td>洛伦茨曲线越偏离对角线，说明企业规模分布越不平均；基尼系数越大，规模分布越不均衡</td><td>（1）洛伦茨曲线是对企业相对规模分布的度量，而不是绝对度量，如，两家企业各占 50% 市场占有率的洛伦茨曲线会和 100 家各占 1% 市场占有率的洛伦茨曲线相同；（2）不同的洛伦茨曲线形状，却可能拥有相等的基尼系数</td></tr>
<tr><td>赫希曼—赫芬达尔指数（HHI）</td><td>赫芬达尔将其指数定义为一个行业中各个企业占行业总资产百分比的平方和，即：
$\mathrm{HHI} = \sum_{i=1}^{n} (X_i / T)^2$
其中，n 为该行业企业总数，X_i 是第 i 家企业的绝对规模，T 为市场总规模</td><td>HHI 指数的取值范围在（0,1）之间，越接近于 0，表明越接近完全竞争市场，若 HHI 越接近于 1，则该市场越接近于完全垄断</td><td>优点：（1）能够较好地反映出企业数目及其相对规模；（2）通过“平方和”的“放大”作用，能够真实地反映市场中企业之间规模差距的大小。缺点：该指数在资料方面要求较高，需要获得样本行业所有企业的相关数据，数据收集成本较高</td></tr>
</table>

资料来源：杜朝晖：《产业组织理论》，中国人民大学出版社 2010 年版；苏东水：《产业经济学》，高等教育出版社 1999 年版。

二、环境规制对市场结构的影响

在本书第三章的文献综述部分中已经指出，根据产业组织理论，市场集中度、进入和退出壁垒、产品差别化、市场需求的价格弹性等因素会影响市场结构的具体形态，在以下部分，笔者将基于这些影响指标，分析环境规制是如何作用于这些影响指标而对市场结构产生相应的影响。

政府实施环境规制时，主要有两方面的内容：一是提高环境标准(技术标准和排放量标准)；二是强制重污染和无法满足环境规制标准的企业退出市场。当政府提高环境标准时，会对某些行业的进入实施更为严格的许可制、认可制和技术标准等政策，相当于提高了被规制行业的进入壁垒；环境规制标准的提高还会提高企业的必要资本量和规模经济，这一方面会壮大适应性强的企业，提高其市场占有率，另一方面也会对潜在进入者形成更高的进入壁垒；环境规制标准的提高能够改变消费者的消费偏好，使消费者更为偏好环境友好的绿色产品，这一方面会促进企业进行技术研发，生产环境友好的绿色产品，另一方面也会让企业投入更多的广告资金用于宣传其产品的环境友好属性，以此来增加产品的差异化程度，产品差异化程度的提升不仅会直接增强该企业的市场占有率和集中度，而且还能够给潜在进入者增添更多的进入壁垒。而进入壁垒的提升，在其他条件不变时，会进一步提高该行业的市场集中度。

当政府强制重污染和无法满足环境规制标准的企业退出市场时，就类似于降低(取消)了企业的退出壁垒，迫使企业不用顾及沉淀成本等因素而被迫退出该行业。这些企业的退出，有利于资源的进一步集中，从而进一步提高行业中优势企业的集中度。

因此，政府实施的环境规制政策能够通过影响企业的进入壁垒、退出壁垒、产品差异化程度等来提高被规制行业的市场集中度。这种集中度的提高不是行业内企业数量的简单减少，而是以环境友好型优势企业的进一步壮大、污染密集型劣势企业的逐步减少为特点的集中度的优化提升(详细的逻辑关系见图4-1)。从而，得到以下命题：

命题4-1：环境规制强度和被规制行业的市场集中度呈正相关关系。[①] 且这种集中度的提高是以环境友好型优势企业的进一步壮大、污染密集型劣势企业的逐步减少为典型特征的。

产业集中度能够从产业内企业数量、企业规模的层面反映市场结构特征，

---

① 事实上，政府实施的环境规制会通过影响企业的技术创新、成本、利润等行为和绩效来对市场结构带来影响，不过，由于本部分主要分析环境规制对S-C-P范式中的S的直接影响，因此，环境规制对市场行为和市场绩效的分析将放在本章的以下小节。

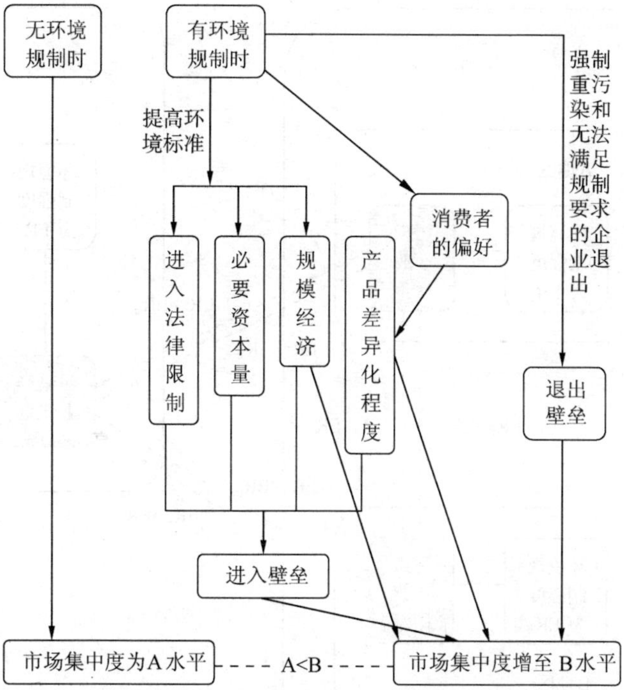

图 4-1　封闭条件下政府实施的环境规制对市场结构的影响

但并不能直接反映污染产业的跨国和跨地区转移效应。① 当一国内部不同地区之间的环境规制政策和强度不同时，污染密集型产业则可能会从环境规制强度高的地区向环境规制强度低的地区转移，类似地，当世界各国的环境规制强度有差距时，污染密集型产业也会从环境规制强度高的国家向环境规制强度低的国家转移，由此而产生了“污染避难所假说”的蕴含之意。

图 4-2 中给出了开放条件下污染密集型产业在跨国和地区间的转移情况。假设只存在本国和外国两个国家，而本国中又存在 A 和 B 两个地区，当本国和外国均实施环境规制时，会给被规制企业增添额外的成本负担，即所谓的“遵循成本”。如果本国和外国的环境规制没有强度上的差异，环境规制给企业引致的“遵循成本”也必将基本一致，这样环境规制就不会成为引发污染产业转移的因素，产业在国际和地区间的转移则会受经济发展水平和速度、市场规模、文化差异、地理区位、资源禀赋等因素的影响。但是当环境规制强度在国家和地区

① 产业集中度和污染避难所假说也是有一定关联性的。如在污染避难所假说的作用下，某环境规制强度相对较弱的地区在污染密集型产业中的企业数量将相对提高，从而会对该产业的集中度带来影响。但产业集中度关注的是该国家或地区在某行业上的集中度变化，属于总体上的变化，而污染避难所假说强调外来的转移效应，属于局部的变化。两者强调的重点有很大差异性。

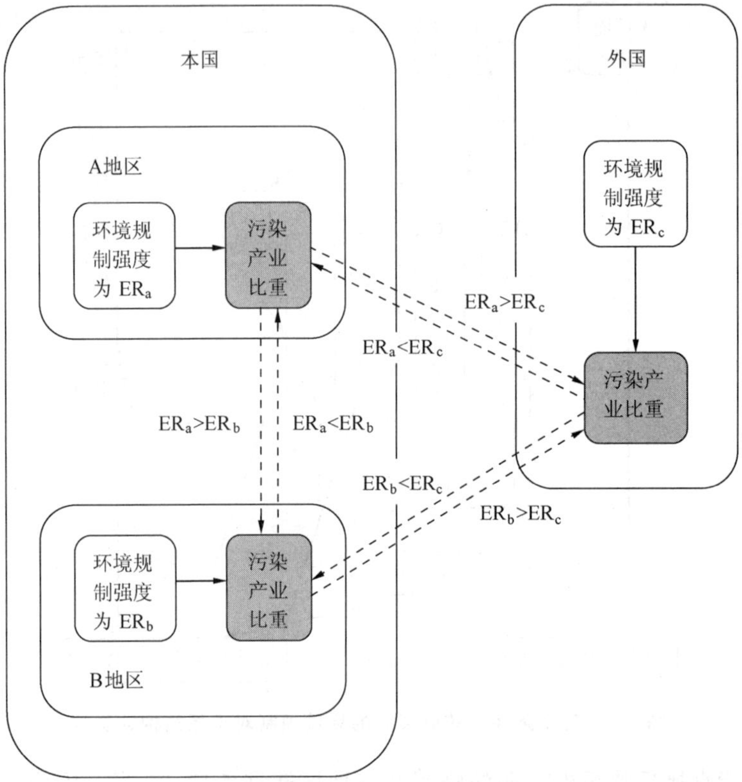

注：图中带箭头虚线表示污染产业转移。

图 4-2　开放条件下污染密集型产业在跨国和地区间的转移

间不一致时，环境规制强度的差异性也会成为影响企业进行选择和诱发产业转移的因素。假设经济发展水平和速度、市场规模、文化差异、地理区位、资源禀赋等因素保持不变，可以对环境规制强度的影响做一个比较静态分析。在封闭条件下既定的环境规制强度都会在封闭体内产生既定水平的污染密集型产业格局，该污染密集型产业格局会随着封闭体内环境规制强度的变化而变化。但是在一个开放的经济体中，如果本国的环境规制强度高于外国，那么本国严厉环境规制引致的"遵循成本"就会大于外国环境规制背景下的"遵循成本"，成本的差异性会诱导追求利润最大化目标的企业选择最优的生产基地，则本国的污染密集型产业就具有向外国转移的倾向。① 若本国的环境规制强度弱于外国

① 环境环保总局和原国家经贸委曾在 2000 年发出了《关于禁止向西部转移污染的紧急通知》，明令禁止东部被淘汰的重污染型小企业、设备和工艺向中西部恶性转移。但是，由于我国东中西部地区环境规制政策和标准存在梯度差异性，且环境规制政策和环境标准的执行力也具备梯度差异性，实施相对严格环境规制强度的东部地区就具备向中西部转移污染密集型产业的倾向。

的环境规制强度，则外国的污染密集型产业就具有向本国转移的倾向。在本国内部也存在类似的现象，环境规制强度较高地区的污染密集型产业就具备向环境规制强度较弱地区转移的倾向。环境规制“遵循成本”在国家和地区间的差异性越大，污染产业寻求“污染避难所”的动机和倾向就相对越大。由此，得到命题4-2：

命题4-2：当环境规制强度在国家和地区之间存在差异时，实施严格环境规制强度的国家和地区的污染密集型产业具备向较弱环境规制强度的国家和地区转移的倾向①，并且该倾向的程度和环境规制强度的差异性程度正相关。

第二节　环境规制与市场行为

一、市场行为及其分类

1. 市场行为的基本涵义

市场行为是指企业为了实现其目标（如利润最大化、更高的市场占有率等），根据内外部环境及其变化而采取的战略性行为。这里的内部环境主要包括企业内部的产权关系、所有权与控制权关系以及委托代理关系等，而外部环境则主要包括政策环境（政府通过法律手段、经济政策手段和行政手段对市场经济进行的干预和调节）和市场环境（市场供求关系、与其他企业之间的关系、消费者偏好和竞争对手的状况等）两个方面。

在产业组织理论中，依据哈佛学派的观点，市场结构将决定企业市场行为的状态和特征，进一步，一定的市场行为将产生相应的市场绩效。但根据芝加哥学派对其观点的修正，企业的市场绩效目标也会对企业的市场行为产生影响，而市场行为和市场绩效又会对市场结构产生影响。

产业组织理论在具体分析企业的市场行为时，主要是以寡头垄断型市场结构中的企业为研究样本的。之所以没有选择完全竞争和完全垄断型的市场结构为主要研究对象，主要是因为完全竞争和完全垄断型的市场在现实中一是十分少见，二是即使存在，它们的市场行为模型也相对简单。而寡头垄断型市场结构在现实中具有较深广的普遍存在性，且它的市场行为模式较为复杂，具备深入研究的价值和意义。

2. 市场行为的分类

根据不同的分类标准，可以对市场行为进行相应地划分。如根据市场中企

---

①　笔者用了“倾向”一词，这是因为现实的复杂性和多维性，具体是否发生转移以及转移的幅度还要受到许多其他因素的影响，这也正是“污染避难所假说”饱受争议的原因。但毋庸置疑，环境规制强度已经成为影响企业区位选择和跨国、跨地区转移的因素之一。

业之间的关系类型可以分为竞争行为和市场协调行为两类；根据企业行为的功能定位，则可以分为企业的定价行为、产品差异化行为、策略性行为和组织协调行为四类。

表4-3中综合上述两种分类标准，简要地介绍了市场行为的各种分类。从中可以看出，在企业的定价行为、产品差异化行为、策略性行为和组织协调行为的基础上，各种分类行为还可以继续细分，如定价行为可以分为经验定价行为、价格协调行为、价格竞争行为和价格歧视，价格协调行为又可以继续划分为卡特尔和暗中配合的价格协调两种，而暗中配合的价格协调还可以划分为价格领导制和有意识的平行调整两类，最后，价格领导制还有四种典型类型，分别为支配型价格领导制、合谋型价格领导制、晴雨表型价格领导制和低成本型价格领导制。

表4-3　市场行为的分类

定价行为	经验定价行为	边际成本定价法			竞争行为
		成本加成法			
		目标利润率定价法			
	价格协调行为	卡特尔	明确协定卡特尔		协调行为
			秘密协定卡特尔		
		暗中配合的价格协调	价格领导制	支配型价格领导制	
				合谋型价格领导制	
				晴雨表型价格领导制	
				低成本型价格领导制	
			有意识的平行调整		
	价格竞争行为	降价竞争行为	一般降价行为		竞争行为
			掠夺性定价		
		进入阻止定价			
	价格歧视	一级价格歧视			
		二级价格歧视	两阶段收费		
			数量折扣		
			搭配销售		
			质量选择		
		三级价格歧视	信息差异型		
			时间价值差异型		
			地理位置差异型		

续表

产品差别化行为	研究与开发	盈利动机型			竞争行为
		策略动机型			
	产品空间选择	品种、质量			
		地理位置			
		消费者群体选择			
		销售渠道			
	广告	信息性广告			
		劝导性广告			
	售后服务	模拟高质量型			
		模拟价格降低型			
	促销				
策略性行为	企业压制竞争对手的行为	掠夺性定价			竞争行为
		进入阻止定价			
		提高竞争对手成本	提高竞争对手的成本		
			提高全体企业的成本		
		降低生产成本的投资行为	研究与开发		
			边干边学		
	企业之间的合作行为	制定统一价格			协调行为
		分割市场			
		最惠国待遇条款			
		建立触发价格			
		相遇—竞争条款			
组织协调行为	横向并购				竞争行为
	纵向并购				
	混合并购				
	集团化				协调行为
	战略联盟				

资料来源：杜朝晖:《产业组织理论》,中国人民大学出版社 2010 年版;苏东水:《产业经济学》,高等教育出版社 1999 年版。

二、环境规制对市场行为的影响

政府对企业实施的环境规制会对企业的市场行为带来一定的影响，至于具体的影响则要依据环境规制政策的具体情况而定。一般来说，政府制定的环境规制政策主要从两个方面控制污染排放，一是在排污技术上进行强制型技术规制，这就会对污染排放者采用特定的清洁技术种类、水平进行限定；二是对排污量进行规制，即对污染排放者的污染物排放总量进行限定。这两种基本类型的环境规制政策会对被规制企业的市场行为产生既有所区别又有所类似的影响。环境规制对企业市场行为的影响路径图见图 4-3。

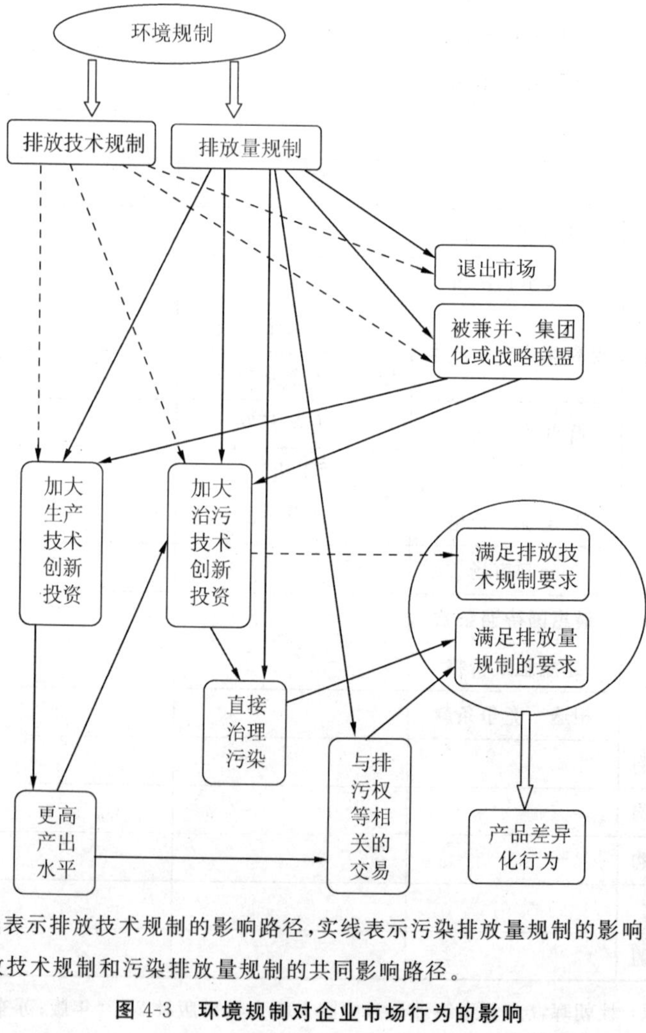

注：虚线表示排放技术规制的影响路径，实线表示污染排放量规制的影响路径，加粗的实线表示排放技术规制和污染排放量规制的共同影响路径。

图 4-3　环境规制对企业市场行为的影响

正如图 4-3 所示，一方面，当政府对企业实施排放技术规制时，部分无法满足技术规制要求的企业会选择退出市场，或者被优势企业兼并、和相关企业成立集团化或战略联盟。选择留在市场中的企业会加大治污技术创新投资力度，以此来提高与治污相关的技术水平①，从而满足政府制定的排放技术规制要求。但是，由于企业要想加大治污技术创新投资，需要从其他环节抽调出资金，这部分资金可能会来源于企业的利润、生产技术创新投入②等，生产技术创新投入的减少将会降低未来的生产技术进步率，并最终影响其利润和市场竞争力。因此，从长期来看，随着规制强度的增强，企业要想继续维持理想的生产技术进步率及市场竞争力，就必须更加重视生产技术创新，这样，企业会逐步加大对生产技术创新的投资力度，以期在更高的产出水平上，再抽调出更多的资金用于治污技术研发，以此来满足趋于严格的排放技术规制要求。可以说，政府在排污技术上的规制，会让企业在生产技术创新和治污技术创新之间进行均衡选择，选择更合理的组合方式实现经济增长和污染减少的均衡发展。

另一方面，当政府对企业的污染排放量进行规制时，也会对企业的市场行为引致一系列影响。类似于第一种情况，部分无法满足环境规制要求的企业会选择退出市场，或者被优势企业兼并、和相关企业成立集团化或战略联盟。选择留在市场中的企业会选择多种可能的方式来降低污染排放量。第一种方式是直接对企业排放的污染进行终端治理；第二种方式是参与到排放权的交易市场中，发挥自身的产出、利润优势，以资金的形式购买排放权；第三种方式是先加大对治污技术创新的投资力度，提高污染治理技术，然后在更高的污染治理水平上来治理企业排放的各种污染物。

当企业一开始仅选择第一种方式③即直接对排放的污染进行终端治理时，企业的污染治理水平是既定的，随着环境规制要求的逐步提高，企业需要支付越来越多的资金用于直接治理污染，显然，不断趋于上升的污染治理支出会给

① 企业可以通过自主研发来提高相关技术水平，也可以通过资金来购买先进技术，但无论选择哪种，企业自身都必须在和提高技术水平相关的项目上支付资金。

② 如果企业动用用于生产的资金，就会降低产出，从而降低最终的利润。所以，企业在短期可能会从利润和生产技术创新投入中抽调资金用于治污支出。

③ 若污染排放权机制和市场健全到可以支撑企业采用第二种方式即购买污染排放权来获得污染排放的权利，企业可以配套第一种和第二种污染治理方式来满足政府的环境规制要求。第一种污染治理方式的成本会随着环境规制强度的增强而上升，其实第二种污染治理方式也需要被规制行业的部分企业在排放量上大幅度下降，才能够保证有多余的污染排放权用于交易，然而，既定企业可以提供的多余排放权在一定时期是相对有限的，随着环境规制强度趋于严格，提供多余排放权企业的数量若不变，排放权交易必将成为无源之水，这将会迫使越来越多的企业转而依靠自身来减少污染排放量，以此来满足严厉的环境规制要求。因此，虽然排放权交易可以赋予企业在购买排放权和直接治理污染上一定的自由选择空间，但毋庸置疑，随着环境规制强度趋于严格，企业的污染治理支出（直接治理污染的支出和购买排放权的支出之和）亦趋于上升。

企业的正常运行带来越来越沉重的负担。这样，从长远来看，会迫使企业通过治污技术进步来节约不断攀升的直接式治污成本。在一定时间内，随着治污技术创新资金份额的不断加大，在这一领域的创新成果和绩效会呈递减趋势，必将无法以经济的形式满足趋严的环境规制要求，此时，企业将会加大用于生产技术创新的投入，以期提高生产技术、产出和利润，从增加的利润中再抽调出部分资金用于治污技术创新和直接治污，以此来经济地满足严格的环境规制要求。这是一种迂回的污染治理方式，但这种治污方式是明显有利于实现产出增长和环境保护"双赢"的，一方面抑制了在严格环境规制时，污染治理支出的快速上涨态势，使其逐步收敛至某一稳态水平，从而节约了企业的污染治理成本；另一方面也为污染物减排和环境改善提供保障。因此，如何设计合理的环境规制强度和规制形式，来刺激出这种迂回的污染治理方式是极为重要的。

同时，政府制定的环境规制要求还会对消费者的消费偏好产生影响，这样，被规制的企业在满足环境规制要求后，会进行产品差异化行为，如生产更为环境友好型的绿色产品，并在广告中或者产品外包装上进行标明，通过标明自身的环境友好身份来获得消费者的青睐，从而获得更多的市场占有率和利润。

基于以上分析，可以推演出以下两个命题：

命题4-3：若政府对污染排放量进行规制，企业的污染治理支出（直接治理污染的支出和购买排放权的支出之和）在短期内会趋于上升，但该污染治理支出并不会无限趋于上升，而是会在治污技术进步的作用下，趋于收敛至某一稳态水平。当环境规制强度提高后，会引发新一轮的污染治理支出上涨，但亦会趋于收敛至某一新的水平。

命题4-4：当政府制定极弱的环境规制强度时，不会对企业的生产技术创新投资和治污技术创新投资带来显著影响，随着环境规制强度的逐步增强，生产技术创新投资额增长率会呈现先下降后上升的"U"型趋势，治污技术创新投资额增长率会呈现"J"型上升趋势。不过，总的技术创新投资额会呈现上升趋势，即总的技术创新投资额和环境规制强度正相关。

第三节　环境规制与市场绩效

一、市场绩效及其计量

1. 市场绩效的基本涵义

市场绩效是指"在一定的市场结构中，由一定的市场行为所形成的价格、产量、成本、利润、产品质量、品种以及技术进步等方面的最终成果，从而反映了特定市场结构和市场行为条件下市场运行的效果”(苏东水,1999)。这个定义是从经济绩效的角度对市场绩效的涵义进行界定的,事实上,广义的市场绩效不仅仅包括经济绩效,还包括社会绩效等与消费者息息相关的其他方面,如社会公平、充分就业、环境质量等。

至此,本书已经介绍了市场结构、市场行为和市场绩效的基本涵义,那么这三个维度之间具备怎么样的关系呢? 图 4-4 即给出了三个维度在逻辑上的相互关系。

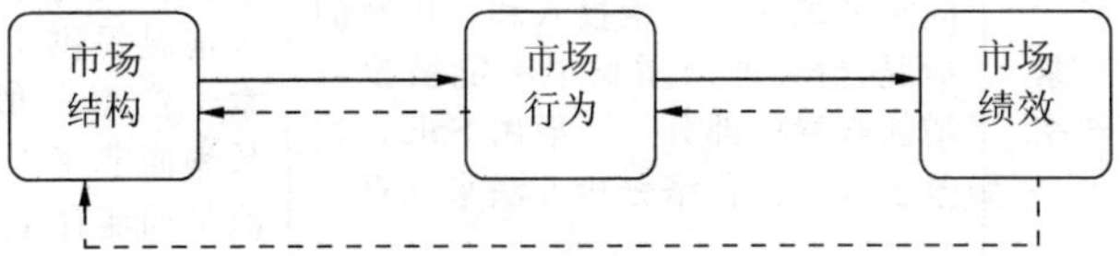

图 4-4　市场结构、市场行为和市场绩效的相互关系

在图 4-4 中,实线箭头表示决定关系,虚线箭头表示反作用关系。可以看出,市场结构决定市场行为,而市场行为进一步决定市场绩效,这也正是哈佛学派的主要观点。但是,在产业中,市场结构、市场行为和市场绩效之间并不会仅仅存在上述单向关系,而是会存在一种双向的关系。即市场绩效会反作用于市场行为和市场结构,市场行为也会反作用于市场结构。这就意味着,在特定产业中,一定的市场结构决定了市场中各个相关企业之间的关系,进而决定了这些企业会采取何种市场行为,而参与其中的企业的每一次决策和行为会产生特定的市场绩效。同时,企业会根据每一阶段的市场绩效来评估和反思其在上一阶段中的市场行为,并进一步优化其下一阶段的市场行为,这种行为决策上的改变最终会对未来的市场结构产生一定影响。因此从长期来看,市场结构、市场行为和市场绩效之间是双向的因果关系。

2. 市场绩效的计量

市场绩效从广义和狭义上来看,其范畴是不一样的。狭义的市场绩效仅仅是指经济绩效,而广义的市场绩效则包括经济绩效、社会绩效等与消费者息息相关的其他方面。在做经验分析时,常常需要对市场绩效进行计量,以此来对现实经济的运行效果做出判断,并基于此来研究市场结构、市场行为和市场绩效之间的关联性。表 4-4 对现有文献中的几种典型度量狭义市场绩效的方法进行了总结和归纳。

表 4-4　市场绩效的几种典型计量方法

		计算方法	简　评
生产效率	单要素生产率	产出/投入是生产效率的最基本的衡量指标。其中，产出一般用 GDP 或增加值衡量，而投入一般选取劳动、资本等生产要素。即所谓的劳动生产率和资本生产率等	只能单一地反应单一生产要素的生产效率，具有一定片面性
	全要素生产率	同时考虑多种要素投入和产出时的情况，研究产出增长中不能被投入增加解释的部分。一般用 Solow 残差法或数据包络分析方法来计算	为全面考察多产出和多投入情况提供了视角，但全要素生产率一般比较的是增长率而非绝对量，即侧重于流量而非存量的比较
收益（利润）率	利润率	简单的利润率公式 $R=(\pi-T)/E$；其中，π 为税前利润，T 为税收总额，E 为自有资本	计算所需的数据容易获得，但该指标的结果相对粗糙，未能考虑折旧等因素
	贝恩指数	贝恩指数即超额利润率就等于 Π_e/V。而 Π_e 为超额利润或纯经济利润，等于 $R-C-D-iV$；其中，R 为总收益，C 为当期成本，D 为折旧，V 是业主的投资额，i 是从投资中可以获得的正常收益率	贝恩指数所要求的基础数据相对容易获得，在一定程度上降低了系统偏差率
价格—成本加成	勒纳指数	勒纳垄断势力指数$=(P-MC)/P$；其中，P 为产品价格，MC 为生产该产品的边际成本	(1) 边际成本的度量较为困难；(2) 产品质量因素需要数量化；(3) 无法解释 P 与 MC 之间的差异是企业行为的结果还是社会成本增加所导致的
技术进步	专利数	用统计年鉴中的专利申请数作为度量被考察行业技术进步情况的指标	数据易获得，但数据的分类相对粗糙，因为同样是一门专利，其各自的技术含金量和技术特性是不一样的，并且，专利本身和该技术的市场化采用之间有很大时间偏差
	TFP 或其分解变量 TECH	用索洛残差或数据包络方法求出 TFP，并用其指代技术进步率；或者用 TFP 的分解变量之一——TECH 作为度量技术进步的指标	用 TFP 的分解变量 TECH 作为度量技术进步的指标是一种比较前沿的度量方法，但需要注意的是，该指标是对技术进步率的度量，而非技术存量的测度

续表

		计算方法	简　评
其他方法	经济总量法	一般用GDP、增加值总量或增长率作为度量经济绩效的指标	该指标从宏观层面上考察了市场的绩效，指标简单、易操作、且容易比较，适用于对经济运行进行鸟瞰式考察，在分析时，往往需要结合其他指标来对市场绩效进行全面的分析
	托宾的 q 值	用一家企业资产的市场价值（通过公开发行并出售的股票、债券的价值度量）和该企业资产的重置成本的比率度量	托宾的 q 值法避免了估计收益率和边际成本的困难，但该指标需要对企业资产的市场价值和重置成本进行度量，而重置成本的度量较难测算

注：这里的市场绩效指狭义的市场绩效，即经济绩效。

资料来源：杜朝晖：《产业组织理论》，中国人民大学出版社2010年版；苏东水：《产业经济学》，高等教育出版社1999年版。

表4-4中从生产效率、利润率、技术进步等几个角度对计量市场绩效的方法进行了概括。而在现实中，市场绩效还包括非经济的绩效，如社会公平（收入分配公平、教育公平等）、充分就业、个人选择的自由和多样性、安全感等，但这些指标不是本文分析的重点所在，故不在此对这些指标的度量方法进行介绍。

二、环境规制对市场绩效①的影响

1. 环境规制对技术进步的影响②

现有研究提醒我们在研究技术创新时有必要将其进一步分割成治污染技术进步（创新）和生产技术进步（创新）。同时，笔者认为不同的环境规制强度会对企业的治污技术进步和生产技术进步产生不同的影响。为了对此进行分析，本文将建立相关数理模型，从强度维度出发，分析环境规制对企业的治污技术进步和生产技术进步的影响。

假设污染是在生产过程中产生的，那么厂商的产出越多，则污染越多。设厂商的要素投入为资本 K，设企业的利润函数为 $P \cdot f(K_p)$，$f(\cdot)$ 为生产集，$f(\cdot)>0$ 表示产出，$f(\cdot)<0$ 表示投入，其中 P 为价格向量，K_p 为生产时的

---

① 市场绩效有很多考察角度和衡量方法，笔者主要从技术进步层面考察环境规制的影响。

② 波特（Porter）在其研究中已经蕴含了环境规制和技术创新在时间维度上的"U"型关系，这一假说也被拉诺（Lanoie）等学者进行验证，基本支持了时间维度上的"U"型关系。本文中，主要从强度维度上考察环境规制对治污技术进步和生产技术进步的影响。

资本投入。W 为厂商在生产中所排放的污染，污染满足 $W'(K_p)>0, W''(K_p)<0$，即随着厂商利润的提高，污染是不断增加的，但是污染增量是不断下降的。污染具有外部性，政府对厂商规定一个污染水平——环境规制（R），厂商的生产必须在这个环境规制下进行。

当面对某一环境规制水平时，厂商具有两种不同方式进行污染治理：一是厂商提高治污技术，使单位产出的污染下降，设 K_W 为厂商用于治污技术的资本投入，则 $W'(K_W)<0$①；二是厂商通过所谓的“创新补偿效应”来权衡环境规制，即厂商提高生产技术，使得单位要素投入的产出不断提高，然后再通过技术创新得到的部分新增产出用于治污，进而使自身的污染排放是在环境规制的约束下进行的。下面将分别分析这两种厂商行为对技术进步造成的影响。

(1) 治污技术进步

假设存在一个代表性厂商，面对的产品市场和要素市场是完全竞争的，即厂商的产出不影响产品的价格、厂商所借贷的资本不影响资本的价格。厂商生产的目的是为了自身的利润最大化，这样厂商的行为满足以下条件：

$$\mathrm{Max}\Pi=\overline{P}\cdot f(K_P, K_W) \tag{4-1}$$

$$s.t.\ W[K_P, K_W]\leqslant R^L \tag{4-2}$$

其中，$\overline{P}$为一价格向量，该向量包括产品的价格和要素的价格。K_P 为生产中的资本投入，K_W 为治污的资本投入，污染函数 $W[K_P, K_W]$是分离可加的。假设厂商的生产是在较低的环境规制（R^L）下进行的，较低的环境规制就意味着厂商可以较多地排出污染。这时厂商生产的最优条件如下所示：

$$[\overline{P}f'(K_P)]+\lambda_{K_P}\frac{\partial W[K_P, K_W]}{\partial K_P}=0 \tag{4-3}$$

$$[\overline{P}f'(K_W)]+\lambda_{K_W}\frac{\partial W[K_P, K_W]}{\partial K_W}=0 \tag{4-4}$$

$$W[K_P, K_W]\leqslant R^L \tag{4-5}$$

$$\lambda_{K_P}(R^L-W[K_P, K_W])=0 \tag{4-6}$$

$$\lambda_{K_W}(R^L-W[K_P, K_W])=0 \tag{4-7}$$

由于 K_W 是厂商的治污支出，而不是在生产中的投入，因此 K_W 在利润函数中的出现是以成本函数的形式出现的，由于要素市场是竞争性的，因此条件(4-4)中的$\overline{P}f'(K_W)=-P_{K_W}<0$，其中 P_{K_W} 要素 K_W 的价格。由 $W'(K_W)<0$，可知 $\lambda_{K_W}<0$。最后由式(4-7)可知：在较低的环境规制水平下，厂商会倾向于在生产方面投入较多的资本，在治污技术方面投入较少的资本，这样的资本配置将促使厂商产生更多的污染。同时，由于厂商在治污技术方面的投入较少，

① 另外设 $W'[K_W]>0$，这意味着随着治污技术的不断投入，污染下降的幅度在不断减弱。

厂商的治污技术处于一个较低的水平。假设厂商的治污技术为 $T(K_W)$，并满足 $T'(K_W)>0$。[①] 通过上述分析可知：一个较低的环境规制(R^L)将对应一个较低的治污技术 $T^L(K_W)$。

在严格环境规制(R^H)的情况下，厂商生产的最优条件如下所示：

$$[\overline{P}f'(K_P)]+\lambda_{K_P}\frac{\partial W[K_P,K_W]}{\partial K_P}=0 \tag{4-8}$$

$$[\overline{P}f'(K_W)]+\lambda_{K_W}\frac{\partial W[K_P,K_W]}{\partial K_W}=0 \tag{4-9}$$

$$W[K_P,K_W]\leqslant R^H \tag{4-10}$$

$$\lambda_{K_P}(R^H-W[K_P,K_W])=0 \tag{4-11}$$

$$\lambda_{K_W}(R^H-W[K_P,K_W])=0 \tag{4-12}$$

从式(4-8)～(4-12)可知：在严格环境规制下，厂商会倾向于投入较少的生产性资本，而投入较多的治污资本。这一资本配置模式将使厂商的污染水平降低。此外，由于在治污技术方面的资本投入较多，厂商的治污技术水平也将得到提高。因此，一个较高的环境规制($R^H<R^L$)将对应一个较高的治污技术 $T^H(K_W)$。即当 $R^H<R^L$ 时，$T^H(K_W)>T^L(K_W)$。由此我们得出结论一：环境规制与厂商治污技术的关系是一种同向关系。

从结论一可知：环境规制序列和治污技术序列是一个协整的关系。对于厂商来说，第二种降低污染的途径是提高生产技术以增加产出，将新增产出作为治污支出。下面将分析环境规制对企业产生的“创新补偿效应”。

(2)“创新补偿效应”分析

厂商在追求利润最大化的过程中，面对不同的环境规制其创新补偿也应是不同的。下面首先分析当厂商面对环境规制时，厂商生产创新的情形。假设厂商的技术水平为 $A(K_A)$，K_A 为厂商用于技术进步的资本投入，A 满足$A'>0$。厂商的优化行为可以表示为：

$$\text{Max}\Pi=\overline{P}[A(K_A)f-\alpha A(K_A)f] \tag{4-13}$$

$$s.t.\ W[A(K_A)f,\alpha A(K_A)f]\leqslant R \tag{4-14}$$

其中，$\alpha A(K_A)f$ 为厂商用于治污部分的利润，其中 α 表示厂商对环境规制强度的反映程度，当环境规制逐渐变强时，厂商也逐渐提高 α。设企业的污染函数为：$W'[A(K_A)f,\alpha A(K_A)f]$，且污染函数满足 $W'[\alpha A(K_A)f]<0$，$W''[\alpha A(K_A)f]>0$。式(4-14)为厂商生产过程中释放的污染制约条件，即在既定的规制水平(R)下，式(4-14)应为等式。此时厂商的优化条件为：

---

① 这意味着随着治污投入的增加，厂商的治污技术是不断提高的。

$$[\overline{P}(1-\alpha)A'f]+\lambda\frac{\partial W[A(K_A)f,\alpha A(K_A)f]}{\partial K_A}=0 \tag{4-15}$$

$$\lambda\frac{\partial W[A(K_A)f,\alpha A(K_A)f]}{\partial \alpha}-\overline{P}A(K_A)f=0 \tag{4-16}$$

$$W[A(K_A)f,\alpha A(K_A)f]=R \tag{4-17}$$

根据污染函数是分离可加的，假设污染函数为：

$$W=m[A(K_A)f]-g[\alpha A(K_A)f] \tag{4-18}$$

其中，$m[A(K_A)f]$为产出的污染增量，并满足$m'>0,m''<0$；$g[\alpha A(K_A)f]$为厂商的治污支出部分，并满足$g'>0,g''<0$。把式(4-18)代入式(4-16)可得：

$$-\lambda g'=\overline{P} \tag{4-19}$$

把式(4-19)代入式(4-15)，并对K_A求导可得：

$$m'-g'-\alpha(1-\alpha)g''A'(K_A)f=0 \tag{4-20}$$

由于$m'>0,g'>0,g''<0$。当政府制定的环境规制不断提高时，厂商对环境规制的反映程度α也将提高。可以看出，当α从0到0.5移动时，$\alpha(1-\alpha)$逐渐变大，为了维持上式恒等，厂商会逐渐减少K_A的投入，使得生产技术下降；当环境规制继续提高时，$\alpha(1-\alpha)$逐渐变小，为了维持上式恒等，因此厂商的最优选择是增加K_A的投入，使得生产技术水平上升。由此可得结论二：当环境规制强度不断提高时，厂商的生产技术呈现先下降后上升的“U”型趋势。

综合结论一和结论二，可以得出命题4-5：

命题4-5：在强度维度上，环境规制强度和企业治污技术进步之间符合正相关关系，即随着环境规制强度的逐步加强，治污技术水平亦逐步增强；而环境规制强度和企业生产技术进步之间则符合“U”型关系，即经过一个特定的时期之后①，较弱的环境规制强度将降低先前的生产技术进步率，相反，相对较强的环境规制强度却能提高先前的生产技术进步率。

2. 环境规制对经济绩效的综合影响

国内外学者对环境规制会对经济绩效带来何种影响尚未达成一致，原因就在于环境规制的引入会给经济的微观运行主体——企业，带来正负两方面的影响，其中，负面效应是企业面临环境规制时的“遵循成本”(于同申和张成，2010)。一些学者基于静态标准认为：在技术、资源配置和消费者需求不变的情况下，企业会做出成本最小化的选择，环境规制的引入会给企业增添额外的负担，迫使企业支出财力和物力用于满足环境规制的要求，这会增加被规制企业的生产成本，进而削弱其创新能力和国际竞争力，使得环境保护和企业竞争

① 考虑到时间维度上可能存在的“U”型关系，需要在经验分析时选择一定的滞后期，使得某一环境规制强度的正、负效应能够全面地被体现。

力目标之间构成了一种“两难”选择，即在实现一个目标的同时，需要以另一个目标为代价。但是，环境规制也能对企业引致两方面的正面效应：一是波特的“创新补偿”，即合理的环境规制能够激发企业进行技术创新（治污技术创新和生产技术创新），特别是通过激发出更高的生产技术创新来提高生产率；二是通过“优化效率”，由于企业内部普遍存在着不同程度的低资源配置效率和X非效率，环境规制的引入，压缩了企业的利润空间，从而能激发企业打破原有的思维模式、工作模式和组织结构，促使其优化资源配置，并突破X非效率的“惰性区域”，实现X效率。需要注意的是，负面效应往往在当期就已经被体现，而正面效应的出现往往呈现一定的时间滞后性。

在环境规制正负两方面力量的对比下，部分无法生存的企业将会被迫退出该行业，与此同时，市场的进入壁垒也会相对提高，这将有利于整个行业有限资源的进一步集中，提高企业的市场占有率和竞争力。这样，存留下来的企业不仅是环境友好型企业，更是生产技术相对较高、组织经营效率相对较高的富含国际竞争力的优势企业。这将会大大提高整个被规制行业的经济绩效。由此，得到命题4-6。

命题4-6：在假设某一环境规制强度和形式是合理的前提下，该环境规制政策在短期内会降低被规制行业的综合经济绩效，但是在长期，则能够提高被规制行业的综合经济绩效。即在滞后一定期限之后，环境规制和综合经济绩效具备长期稳定的协整关系。

第四节　小结

本章主体部分是互相并行的三节，第一节首先介绍了市场结构的基本涵义，并总结了目前文献中度量市场结构的三种方法：基于产品差异程度为基准的计量方法、基于企业规模分布为基准的计量方法和基于市场绩效为基准的计量方法。在此基础上，分析了环境规制对市场结构的影响，得到了两个命题：

命题4-7：环境规制强度和被规制行业的市场集中度呈正相关关系。且这种集中度的提高是以环境友好型优势企业的进一步壮大、污染密集型劣势企业的逐步减少为典型特征的。

命题4-8：当环境规制强度在国家和地区之间存在差异时，实施严格环境规制强度的国家和地区的污染密集型产业具备向较弱环境规制强度的国家和地区转移的倾向，并且该倾向的程度和环境规制强度的差异性程度正相关。

第二节介绍了市场行为的基本涵义，并根据市场中企业之间的关系和企业行为的功能定位对市场行为进行了相应的划分。基于此，分析了环境规制对市场行为的影响，得到以下两个命题：

命题4-9：若政府对污染排放量进行规制，企业的污染治理支出（直接治理污染的支出和购买排放权的支出之和）在短期内会趋于上升，但该污染治理支出并不会无限趋于上升，而是会在治污技术进步的作用下，趋于收敛至某一稳态水平。当环境规制强度提高后，会引发新一轮的污染治理支出上涨，但亦会趋于收敛至某一新的水平。

命题4-10：当政府制定极弱的环境规制强度时，不会对企业的生产技术创新投资和治污技术创新投资带来显著影响，随着环境规制强度的逐步增强，生产技术创新投资额增长率会呈现先下降后上升的"U"型趋势，治污技术创新投资额增长率会呈现"J"型上升趋势。不过，总的技术创新投资额会呈现上升趋势，即总的技术创新投资额和环境规制强度正相关。

第三节则首先介绍了市场绩效的基本涵义，并对几种典型度量狭义市场绩效（经济绩效）的方法进行了总结和归纳。围绕环境规制对市场绩效的影响提出了两个命题：

命题4-11：在强度维度上，环境规制强度和企业治污技术进步之间符合正相关关系，即随着环境规制强度的逐步加强，治污技术水平亦逐步增强；而环境规制强度和企业生产技术进步之间则符合"U"型关系，即经过一个特定的时期之后①，较弱的环境规制强度将降低先前的生产技术进步率，相反，相对较强的环境规制强度却能提高先前的生产技术进步率。

命题4-12：在假设某一环境规制强度和形式是合理的前提下，该环境规制政策在短期会降低被规制行业的综合经济绩效，但是在长期，则能够提高被规制行业的综合经济绩效。即在滞后一定期限之后，环境规制和综合经济绩效具备长期稳定的协整关系。

---

① 考虑到时间维度上可能存在的"U"型关系，需要我们在经验分析中选择一定的滞后期，使得某一环境规制强度的正、负效应能够全面地被体现。

第五章 实证研究:对环境规制与市场绩效关系的经验分析①

第一节 环境规制强度和生产技术进步:一个"U"型假说

一、引言

实现环境规制和企业竞争力、经济增长之间"共赢"的关键在于"创新补偿"效应的大小,准确地说,很大程度上取决于环境规制能否促进企业的生产技术进步。目前,现有文献主要集中于验证环境规制对企业生产率和成本的影响②,或者集中于验证环境规制对总体创新(即生产技术创新和治污技术创新的综合)和治污技术创新的影响。③ 在研究环境规制和总体创新、治污技术创新的文献中,虽然因具体指标选取的不同,最终结果也会有所差异,但多数研究结果认为环境规制会对与环境相关的技术创新带来正向影响。其实,这一正向影响的结果是正、负两方面影响④综合比较后的结果。更为重要的是,正面和负面效应的影响并不同步,负面效应往往在当期产生影响,而技术创新本身所需的时间相对较长,这就决定了环境规制的"创新补偿"效应滞后于"遵循成本"产生的负面效应。因此在短期,特定的环境规制强度会降低企业的技术创新;

---

① 本章中仅围绕"环境规制和市场绩效"的关系进行实证研究,有关"环境规制和市场结构"和"环境规制和市场行为"方面的实证论文,可参阅笔者发表在《国际贸易问题》等杂志上的论文。

② 笔者曾对环境规制和全要素生产率(TFP)之间的关系等问题做过研究。在这些研究基础上,发现环境规制的强弱变化会对 TFP 的分解变量之一——生产技术进步带来非线性的影响,由此引发了本文的相应研究。

③ 这其中,朗鸠(Lanjouw)和莫迪(Mody)以专利申请数衡量总体创新;杰夫(Jaffe)和帕尔默(Palmer)以 R&D 支出和专利申请数衡量总体创新;布伦纳迈尔(Brunnermeier)和科恩(Cohen)以与环境相关的专利申请数衡量治污技术创新;滨本(Hamamoto)以 R&D 支出衡量总体创新;都市有村(Arimura Toshi)和杉野(Sugino)分别以总 R&D 和与环境相关的 R&D 投资衡量总体创新和治污技术创新;赵红以 R&D 支出和专利申请数衡量总体创新;李强、聂锐分别以发明专利、实用新型专利和外观设计专利的数量,从不同层面上衡量总体技术创新。

④ 正面影响是波特的"创新补偿",即合理的环境规制能够激励企业进行技术创新(产品创新补偿和生产过程创新补偿);负面影响则是企业面临环境规制时的"遵循成本",这很可能会降低企业的技术创新投入。

但是在长期，该环境规制水平则能提高企业的技术创新，即在时间维度上，特定的环境规制水平和技术创新之间符合"U"型关系。①

技术创新可以进一步分解成治污染技术进步（创新）和生产技术进步（创新）。虽然已有部分文献集中验证了环境规制对总体创新和治污技术进步（创新）的影响，但鲜有文献提及环境规制对生产技术进步（创新）带来何种影响，而这一问题又是实现环境可持续发展，特别是发展中国家的环境可持续发展的关键。那么，在环境规制和生产技术进步之间是不是依然存在时间维度上的"U"型关系呢？不过，我们不想简单验证是否存在时间维度上的"U"型关系，更进一步地，我们认为不同的环境规制强度会对企业的生产技术进步产生不同的影响作用。因此，本文拟对命题4-5中的"环境规制强度和企业生产技术进步之间符合'U'型关系"这一假说进行实证检验。

考虑到现实社会的复杂性和多维性，企业的规模差异、所有制结构的差异、企业的污染密集程度差异乃至各自面临的国际形势差异都会对本文命题的经验验证带来一定影响，特别是难以度量的环境规制合理程度也会影响到最终的结果，本文在以下篇幅，拟在控制相关变量的基础上，以我国1998—2007年的面板数据来验证上述命题。

二、验证方法和数据说明

1. 验证方法

本文首先采用基于数据包络分析（Data Envelopment Analysis，DEA）的曼奎斯特（Malmquist）生产率指数方法测度出中国30个省级行政区②工业部门的生产技术进步指标，在此基础上对生产技术进步变量与环境规制强度变量进行"U"型关系估计。

(1) 曼奎斯特生产率指数

在假定每个行业为一个决策单位的前提下，用(x^t, y^5)和(x^{t+1}, y^{t+1})分别表示某一行业在t时期和$t+1$时期的投入产出量，借鉴Fare等(1994)的方法，基于投入的全要素生产率可以用曼奎斯特生产率指数表示为：

$$M_i^t = D_i^t(x^t, y^t) / D_i^t(x^{t+1}, y^{t+1}) \tag{5-1}$$

$$M_i^{t+1} = D_i^{t+1}(x^t, y^t) / D_i^{t+1}(x^{t+1}, y^{t+1}) \tag{5-2}$$

这两个指数分别测度了在t时期和$t+1$时期的技术条件下，从t期到$t+1$期的全要素生产率的变化程度。这里的$D_i^t(y^t, x^t)$是混合距离函数，是技术效

① 事实上，在波特（Porter）的研究中已经蕴含了环境规制和技术创新在时间维度上存在"U"型关系，朗鸠（Lanoie）等学者对这一假说进行了验证，基本支持了时间维度上的这种"U"型假说。

② 因数据采集等原因，西藏自治区、香港特别行政区、澳门特别行政区及台湾省未能收入各组别进行分析。章节以下篇幅中不再一一标注。

率的倒数。为了避免因时期选择不同而造成的影响,可以使用两个曼奎斯特生产率指数的几何平均值来表示。因此,全要素生产率从 t 期和 $t+1$ 期的变化程度可以用曼奎斯特生产率指数表示为:

$$M_i^{t+1}(x^t, y^t, x^{t+1}, y^{t+1}) = \left\{\frac{D_i^t(x^t, y^t)}{D_i^t(x^{t+1}, y^{t+1})} \times \frac{D_i^{t+1}(x^t, y^t)}{D_i^{t+1}(x^{t+1}, y^{t+1})}\right\}^{\frac{1}{2}} \tag{5-3}$$

曼奎斯特生产率指数可以分解为技术效率的变化(EFFCH)和技术进步的变化(TECH),其定义如下:

$$M_i^{t+1}(x^{t+1}, y^{t+1}, x^t, y^t) = \mathrm{TECH}(x^t, y^t, x^{t+1}, y^{t+1}) \times \mathrm{EFFCH}(x^t, y^t, x^{t+1}, y^{t+1}) \tag{5-4}$$

$$\mathrm{TECH}_i^{t+1}(x^t, y^t, x^{t+1}, y^{t+1}) = \left\{\frac{D_i^{t+1}(x^{t+1}, y^{t+1})}{D_i^t(x^{t+1}, y^{t+1})} \times \frac{D_i^{t+1}(x^t, y^t)}{D_i^t(x^t, y^t)}\right\}^{\frac{1}{2}} \tag{5-5}$$

$$\mathrm{EFFCH}_i^{t+1}(x^t, y^t, x^{t+1}, y^{t+1}) = \frac{D_i^t(x^t, y^t)}{D_i^{t+1}(x^{t+1}, y^{t+1})} \tag{5-6}$$

这里的技术效率的变化(EFFCH)还可以进一步分解为纯技术效率的变化(PECH)和规模效率的变动(SECH),在假定 CRS 和 VRS 分别为规模报酬不变和规模报酬可变后,其定义如下:

$$\mathrm{EFFCH}(x^{t+1}, y^{t+1}, x^t, y^t) = \mathrm{PECH}(x^t, y^t, x^{t+1}, y^{t+1}) \times \mathrm{SECH}(x^t, y^t, x^{t+1}, y^{t+1}) \tag{5-7}$$

$$\mathrm{PECH}_i^{t+1}(x^t, y^t, x^{t+1}, y^{t+1}) = \frac{D_i^t(x^t, y^t/\mathrm{VRS})}{D_i^{t+1}(x^{t+1}, y^{t+1}/\mathrm{VRS})} \tag{5-8}$$

$$\mathrm{SECH}_i^{t+1}(x^t, y^t, x^{t+1}, y^{t+1}) = \frac{D_i^{t+1}(x^{t+1}, y^{t+1}/\mathrm{VRS})}{D_i^{t+1}(x^{t+1}, y^{t+1}/\mathrm{CRS})} \times \frac{D_i^t(x^t, y^t/\mathrm{CRS})}{D_i^t(x^t, y^t/\mathrm{VRS})} \tag{5-9}$$

因此,曼奎斯特生产率指数,也就是全要素生产率就可以分解成技术进步的变化(TECH)、纯技术效率的变化(PECH)和规模效率的变动(SECH)三个部分,即:

$$\mathrm{TEPCH} = \mathrm{TECH}(x^t, y^t, x^{t+1}, y^{t+1}) \times \mathrm{PECH}(x^t, y^t, x^{t+1}, y^{t+1}) \times \mathrm{SECH}(x^t, y^t, x^{t+1}, y^{t+1}) \tag{5-10}$$

其中,TFPCH、TECH、PECH 和 SECH 的值大于 1,分别表示从 t 期到 $t+1$期,全要素生产率增长、技术进步、纯技术效率改善和规模经济,反之则反是。这里的技术进步(TECH)就是本文中构造出的指标,用以测量我国工业部门生产技术进步。

(2) 模型设定

根据本书第三章的数理模型,借鉴环境库兹涅茨曲线在分析环境污染和经济增长时采用的二次曲线分析方法,并在考虑相关控制变量的基础上,将实证模型设置如下：

$$Y_{it}=C+\beta_1 ER_{it}+\beta_t ER_{it}{}^2+\beta_3 IC_{it}+\beta_4 AS_{it}+\beta_5 OS_{it}+\beta_6 PL_{it}+V_i+\varepsilon_{it} \quad (5\text{-}11)$$

Y_{it}表示第i个省份的工业部门在t年和基年相比的生产技术进步水平；ER_{it}表示第i个省份的工业部门在t年的环境规制强度；IC_{it}表示第i个省份的工业部门在t年的国际竞争程度；AS_{it}表示第i个省份的工业部门在t年的企业平均规模；OS_{it}和PL_{it}则分别表示第i个省份的工业部门在t年的所有制结构和污染密集程度；C为不随个体变化的截距；V_i为个体效应；β为待估参数；ε_{it}为随机误差项。其中，根据第三部分的论述，ER_{it}前的系数应当为负；随着规制水平的不断提升，$ER_{it}{}^2$前的系数应当为正。

2. *数据说明*

本课题采用中国30个省级行政区工业部门1998—2007年的面板数据为实证研究的样本，所用数据是根据1998—2008年《中国工业经济统计年鉴》《中国统计年鉴》《中国环境年鉴》和各地方统计年鉴整理和计算而得。

在用曼奎斯特生产率指数计算我国30个省级行政区工业部门在生产技术进步率上的具体数值时，首先需要各省份工业部门的投入和产出数据。在数据选取上，选取规模以上工业企业的工业增加值作为产出，并根据工业品出厂价格指数与1978年不变价格进行平减；选取规模以上工业企业的资本存量①作为资本投入；劳动投入理应用劳动时间表示，但由于数据无法获得，本文选取规模以上工业企业的全部从业人员②年平均数这个指标代替劳动时间。

对于环境规制强度变量，由于该变量的相关数据难以获得且数据质量相对较弱，限制了许多经验研究的开展。目前，国内外学者主要从以下几个角度来度量环境规制：一是从环境规制政策上考察环境规制强度的高低；二是用治污投资占企业总成本或产值的比重来衡量；三是用治理污染设施运行费用来衡量；四是将人均收入水平作为衡量内生环境规制强度的指标；五是环境规制机构对企业排污的检查和监督次数衡量；六是用环境规制下的污染排放量变化来度量。以上六个度量环境规制强度的指标均在一定程度上存在不足，基于指标的相对完善性和数据可得性的考虑，在此选取第二种方法，用各省份治理工业污染的总投资与规模以上工业企业的主营成本、工业增加值的比值分别作为度量环境规制强度的指标一（$ER1_{it}$）和指标二（$ER2_{it}$）。

至于其他四个控制变量的构造和数据选取如下表述：① 国际竞争程度变

---

① 通过永续盘存法获得。

② 2003年以前并无该指标的数据，根据全员劳动生产率的计算公式（全员劳动生产率＝工业增加值/全部从业人员平均人数）求出各省份工业部门的年平均从业人员。

量(IC_{it})。用按经营单位所在地分进出口总额与规模以上工业企业的工业增加值的比重近似表示。② 企业平均规模(AS_{it})。用规模以上工业企业的资产合计除以规模以上工业企业数量表示。③ 所有制结构变量(OS_{it})。以国有及国有控股工业资产合计占规模以上工业企业资产合计的比重表示。④ 污染密集程度变量(PL_{it})。在区分和度量污染密集程度时,主要有两种方法:一是利用单位产出的污染排放量;二是通过计算单位产出的"污染治理和控制支出"(pollution abatement and control expenditures,PACE)。基于方法一,用各省整个工业部门的二氧化硫排放量与规模以上工业企业的工业增加值之比表示。

三、实证结果及其分析

1. 工业部门的生产技术进步水平

本文采用 DEAP2.1 软件对中国 30 个省级行政区工业部门 1998－2007 年的数据进行计算,得出基于曼奎斯特生产率指数的全要素生产率及技术进步、技术效率、纯技术效率和规模经济 4 个分解变量。结果发现在样本期间所有省级行政区的全要素生产率均大于 1,表明获得全要素生产率增长。虽然在生产率的绝对水平上,东部地区领先于中部和西部地区,但是在全要素生产率的平均提高速度上,西部地区高达 1.151,领先于东部的 1.116 和中部的 1.118。[①] 进一步考察全要素生产率的分解变量,发现它的增长主要是由技术进步引致的(所有省级行政区的年均生产技术进步均大于 1);其次为纯技术效率改善(19 个省级行政区的年均纯技术效率变动大于 1);而规模效率带来的贡献率最低(16 个省级行政区的年均规模效率变动大于 1)。从横向维度考察东、中、西部地区在全要素生产率分解变量上的大小,发现在技术进步和纯技术效率的改善这两个变量上,西部地区领先于东部和中部地区;但在规模效率变量上,东部地区则领先于中部和西部地区。

2. 回归结果及其分析

由于中国各省级行政区之间在经济水平、产业结构和环境规制政策上存在较大差距,因此对中国 30 个省级行政区进行了分组,分为东部、中部和西部三个组,分组情况见表 5-1。考虑到企业的生产技术进步对环境规制强度的反应存在一定的滞后期,因此此处的数据是在滞后一期[②]的情况下考察环境规制强度对企业生产技术进步的影响。同时,希望截距项能够反映一定的个体特征,截距项和各解释变量之间存在一定的相关性,从定性的角度来说,选择固定效

① 这里的全要素生产率的值是某一决策单元和自身的比较,而不是决策单元和其他决策单元的比较。西部地区工业部门在全要素生产率增速上的领先,在一定程度上表明了西部大开发等战略的科学性。

② 笔者也在即期情况下进行了拟合,发现回归结果和滞后一期时相比并没有实质上的变化。

应会更适合本模型的估计。本文使用 Eviews6.0 对变截距面板数据进行加权的 GLS 估计，表 5-3 和表 5-4 中均给出了基于随机效应和固定效应的回归结果。Hausman 检验结果也支持固定效应模型优于随机效应模型。

表 5-1　中国 30 个省级行政区工业部门的全要素生产率及生产技术进步①等分解变量（1998—2007 年）

地区		全要素生产率	技术进步	技术效率	纯技术效率	规模效率
东部地区	北京	1.111	1.115	0.997	0.997	1.000
	天津	1.181	1.107	1.067	1.067	1.000
	河北	1.106	1.098	1.007	1.000	1.007
	辽宁	1.164	1.098	1.060	1.055	1.004
	上海	1.110	1.134	0.979	0.995	0.983
	江苏	1.092	1.102	0.990	0.984	1.006
	浙江	1.060	1.085	0.977	0.965	1.012
	福建	1.079	1.085	0.995	0.993	1.002
	山东	1.100	1.095	1.004	1.000	1.004
	广东	1.099	1.085	1.014	0.996	1.017
	海南	1.177	1.141	1.032	1.026	1.006
	东部平均	1.116	1.104	1.011	1.007	1.004
中部地区	山西	1.112	1.097	1.014	1.014	1.000
	吉林	1.166	1.097	1.063	1.063	1.000
	黑龙江	1.109	1.095	1.013	1.006	1.007
	安徽	1.105	1.100	1.005	1.006	0.999
	江西	1.139	1.091	1.044	1.047	0.997
	河南	1.122	1.087	1.032	1.022	1.010
	湖北	1.069	1.096	0.975	0.973	1.003
	湖南	1.127	1.096	1.028	1.030	0.998
	中部平均	1.118	1.095	1.021	1.020	1.002

① 限于篇幅，下文中除提供生产技术进步的逐年数据外，不再提供全要素生产率及其他分解变量的逐年数据。

续表

地区		全要素生产率	技术进步	技术效率	纯技术效率	规模效率
西部地区	内蒙古	1.191	1.101	1.082	1.080	1.001
	广西	1.123	1.095	1.026	1.028	0.998
	重庆	1.133	1.096	1.033	1.038	0.996
	四川	1.130	1.099	1.028	1.026	1.002
	贵州	1.084	1.100	0.986	0.988	0.997
	云南	1.074	1.105	0.972	0.973	0.999
	陕西	1.223	1.107	1.106	1.105	1.001
	甘肃	1.126	1.095	1.028	1.030	0.999
	青海	1.241	1.167	1.064	1.056	1.007
	宁夏	1.139	1.098	1.038	1.038	0.999
	新疆	1.208	1.151	1.050	1.049	1.001
	西部平均	1.151	1.110	1.037	1.037	1.000
抽样省份平均		1.129	1.104	1.023	1.021	1.002

注:各省份和地区在样本年间的平均值是通过几何平均法计算得出。

表 5-2　中国 30 个省级行政区工业部门的生产技术进步(1998—2007 年)

地区		1998—1999	1999—2000	2000—2001	2001—2002	2002—2003	2003—2004	2004—2006	2005—2006	2006—2007
东部地区	北京	1.086	1.028	1.136	1.087	1.211	1.066	1.089	1.246	1.104
	天津	1.027	1.028	1.126	1.090	1.207	1.079	1.102	1.219	1.098
	河北	0.997	1.018	1.079	1.110	1.173	1.136	1.135	1.091	1.158
	辽宁	0.987	1.038	1.124	1.081	1.222	1.063	1.090	1.185	1.110
	上海	1.169	1.079	1.170	1.080	1.239	1.052	1.070	1.253	1.111
	江苏	1.015	0.996	1.091	1.124	1.157	1.162	1.137	1.058	1.199
	浙江	0.987	1.014	1.096	1.114	1.146	1.150	1.102	0.986	1.193
	福建	0.967	1.047	1.073	1.107	1.160	1.153	1.102	0.986	1.193
	山东	1.020	0.983	1.096	1.119	1.150	1.167	1.126	1.019	1.194

续表

地区		1998—1999	1999—2000	2000—2001	2001—2002	2002—2003	2003—2004	2004—2006	2005—2006	2006—2007
东部地区	广东	0.955	1.057	1.072	1.113	1.157	1.150	1.102	0.986	1.193
	海南	1.253	1.090	1.159	1.083	1.204	1.077	1.102	1.232	1.089
中部地区	山西	1.014	0.995	1.089	1.115	1.170	1.136	1.135	1.106	1.121
	吉林	0.962	1.048	1.085	1.096	1.200	1.077	1.093	1.229	1.108
	黑龙江	1.025	1.002	1.089	1.095	1.213	1.063	1.098	1.188	1.096
	安徽	1.025	0.976	1.090	1.122	1.162	1.150	1.143	1.057	1.189
	江西	1.025	0.964	1.095	1.119	1.157	1.167	1.127	0.991	1.193
	河南	1.025	0.953	1.094	1.113	1.148	1.150	1.106	1.017	1.200
	湖北	0.995	1.020	1.080	1.111	1.196	1.057	1.071	1.251	1.108
	湖南	1.019	0.984	1.091	1.119	1.160	1.154	1.145	1.018	1.196
西部地区	内蒙古	1.001	1.043	1.101	1.095	1.204	1.065	1.090	1.239	1.097
	广西	0.967	1.040	1.081	1.102	1.181	1.125	1.131	1.102	1.139
	重庆	0.985	1.026	1.083	1.114	1.163	1.165	1.133	1.019	1.199
	四川	0.990	1.036	1.075	1.104	1.179	1.125	1.130	1.098	1.169
	贵州	1.009	1.013	1.078	1.105	1.176	1.128	1.121	1.178	1.108
	云南	1.011	1.028	1.126	1.087	1.225	1.056	1.071	1.253	1.110
	陕西	1.043	1.038	1.085	1.097	1.196	1.084	1.095	1.227	1.109
	甘肃	0.966	1.025	1.078	1.104	1.185	1.104	1.114	1.194	1.100
	青海	1.253	1.136	1.174	1.094	1.234	1.169	1.130	1.235	1.089
	宁夏	0.955	1.047	1.093	1.096	1.197	1.087	1.110	1.203	1.110
	新疆	1.170	1.079	1.174	1.094	1.234	1.172	1.132	1.228	1.089

表5-3是以ER1衡量环境规制强度变量时的相应回归结果。从中可以看出，东部地区和中部地区的环境规制强度变量的一次项和二次项系数符号分别是负号和正号，并且在统计上显著，该结果符合本课题的最初假设，即随着环境规制强度的由弱变强，会对企业的生产技术进步水平产生先降低后提高的影响，也就是说环境规制强度和企业的生产技术进步之间符合“U”型关系，拐点分别大约在3.53E－03和6.63E－03；西部地区在环境规制强度变量的一次项和二次项系数符号上虽然分别也显示负号和正号，但是二次项在统计意义上

并不显著,说明随着环境规制强度的不断增强,并没有显著地呈现“U”型的发展趋势,这可能和该地区的环境规制形式不甚合理有关①,而东部地区和中部地区相比能更早突破“U”型曲线的转折点,在一定程度上可能也和其相对合理的环境规制形式有关。在四个控制变量上,每个控制变量对三个地区的影响方向、影响程度和显著性也表现出一定程度上的不一致。国际竞争程度(IC)和东部、中部地区的生产技术进步正相关,不过前者通过了显著性检验,后者则并不显著。但是,国际竞争程度却显著地和西部地区的生产技术进步负向关。产生这种差异的原因,主要是因为国际竞争程度会给该地区的生产技术进步同时带来正向和负向效应,正向效应是技术溢出等,而负向效应则可能是过度的竞争。因此,国际竞争程度对某地区的影响作用取决于综合效应的比较。另一种可能的解释是和国际竞争程度度量指标的选取有关,东部、中部和西部地区进出口产品在种类和技术水平上的差异导致了上述结果。企业平均规模(AS)显著地和三个地区的生产技术进步正相关,表明企业规模的适度集中有利于促进生产技术创新。所有制结构(OS)对三个地区的生产技术进步均产生了负向制约作用,且在统计意义上显著,说明国有及国有控股企业在技术进步的提升速度上和外资企业、三资企业和民营企业相比仍然相对较低。污染密集程度(PL)显著地与东部和西部地区的生产技术进步负相关,表明一个地区的企业越倾向于污染密集型企业,在日益严格的环境规制背景下,越需要投入更多的资金和精力用于治污和减排,从而降低了生产技术进步的提升速度。该变量不显著地和中部地区的生产技术进步负相关,这种不显著性可能是由变量的选择造成的,因为本文是以单位产出的二氧化硫排放量来度量污染密集程度的,忽略了对固体废弃物和废水污染物排放的考察。

为了考察东部和中部地区在环境规制强度和生产技术进步变量上的“U”型关系是否稳健。研究以 ER2 来衡量环境规制强度,并进行了类似的回归。结果见表 5-4。可以得出,东部地区和中部地区在环境规制强度和生产技术进步上呈现“U”型关系,拐点分别为 0.0098 和 0.0134②,而西部地区环境规制强度的二次方仍不显著地和生产技术进步正相关,这些结果和表 5-3 中的对应结果较为吻合。至于四个控制变量的回归结果,表 5-4 显示它们和表 5-3 中的回归结果也较为接近,限于篇幅,不再对此类似结果进行赘述。

---

① 沙特泽塔科斯(Sartzetakis)和康斯坦察托斯(Constantatos)(1995)就曾指出环境规制政策对其企业的影响,不仅与环境规制政策的强弱有关,而且还取决于环境规制政策的具体实施形式。

② 表 5-5 中东部地区和西部地区的拐点值和表 5-6 中的拐点值相比相差较大,这是由环境规制强度指标的选择不同导致的,属于量纲的问题。不过,东部地区因为环境规制形式相对于中部更为合理,使得东部地区比中部更容易突破“U”型曲线的拐点。

表5-3 环境规制强度对工业部门生产技术进步的模型估计结果(以ER1计算)

变量	东部地区		中部地区		西部地区	
	随机效应	固定效应	随机效应	固定效应	随机效应	固定效应
C	2.0091*** (20.0988)	2.4133*** (11.4604)	3.4166*** (16.0098)	3.6819*** (9.7048)	2.4543*** (5.1288)	2.4554*** (4.1663)
$ER1$	−263.4831*** (−5.1125)	−151.3357*** (−2.8922)	−76.0525 (−1.6389)	−107.2182** (−2.1413)	−51.2233 (−0.9294)	−775.7861** (−2.0436)
$ER1^2$	33410.65*** (4.2904)	21468.62*** (3.1813)	5583.26 (1.2635)	8087.68* (1.8937)	3768.83 (0.9350)	5735.28 (1.3494)
IC	−0.1463 (−1.5617)	0.0926* (1.7527)	0.2208 (0.9613)	0.1468 (0.2234)	−0.6966* (−1.9865)	−0.8549** (−2.0375)
AS	0.8819*** (11.6055)	0.6008*** (8.3118)	0.3485*** (5.3401)	0.3077*** (2.3548)	0.9809*** (11.8569)	1.0359*** (11.0373)
OS	−0.4472*** (−2.4485)	−2.3229*** (−5.4430)	−2.9774*** (−11.5074)	−3.0836*** (−6.7733)	−1.8513*** (−3.6172)	−1.7609*** (−2.6513)
PL	−1.23E−03*** (−7.2077)	−8.43E−04*** (−2.7598)	−6.72E−05 (−0.9171)	−1.61E−04 (−0.9822)	−3.59E−04*** (−3.8371)	−4.07E−04*** (−3.6085)
Hausman	79.3002		20.9704		36.4976	
拐点	3.94E−03	3.53E−03	6.81E−03	6.63E−03		
$A-R^2$	0.6963	0.8911	0.6303	0.7781	0.6951	0.8878
F值	38.4449	51.1087	33.0399	40.1464	37.7640	46.0458

注：*、**和***分别表示在10%、5%和1%的统计学水平上显著。

表 5-4 环境规制强度对工业部门生产技术进步的模型估计结果(以 ER2 计算)

变量	东部地区		中部地区		西部地区	
	随机效应	固定效应	随机效应	固定效应	随机效应	固定效应
C	2.0195*** (20.2355)	2.3593*** (10.7029)	3.4870*** (15.9837)	3.6801*** (9.0089)	2.4547*** (5.0999)	2.4192*** (4.1816)
$ER2$	−91.2490*** (−5.2813)	−42.5737*** (−2.8329)	−37.8787* (−1.8548)	−46.7734** (−2.0842)	−19.2745 (−0.9665)	−29.4778** (−2.0256)
$ER2^2$	3815.50*** (4.2501)	2172.34*** (3.3280)	1352.70 (1.5295)	1744.15* (1.8765)	492.59 (0.9758)	763.01 (1.4488)
IC	−0.1376 (−1.2743)	0.1027* (1.9592)	0.2898 (1.3255)	0.2429 (0.3948)	−0.6830* (−1.9150)	−0.7863* (−1.8604)
AS	0.8931*** (11.7988)	0.6111*** (8.4288)	0.3238*** (5.2852)	0.3091*** (3.5201)	0.9842*** (11.8855)	1.0358*** (11.1004)
OS	−0.4943*** (−2.7401)	−2.3253*** (−5.3878)	−3.0520*** (−11.9727)	−3.1544** (−6.6060)	−1.8886*** (−3.6279)	−1.7613*** (−2.6580)
PL	−1.22E−03*** (−7.1093)	−8.81E−04*** (−2.7937)	−6.62E−05 (−0.8866)	−1.51E−04 (−0.9562)	−3.53E−04*** (−3.7544)	−4.07E−04*** (−3.6289)
Hausman	75.5169		20.1461		35.6998	
拐点	0.0120	0.0098	0.0140	0.0134		
$A-R^2$	0.7025	0.8916	0.6315	0.7768	0.6907	0.8884
F 值	39.5756	51.3680	33.2440	41.0099	48.4987	56.2677

注:*、** 和 *** 分别表示在 10%、5%和 1%的统计学水平上显著。

需要进一步解释的是，环境规制强度和企业的生产技术进步之间为何会符合“U”型关系。这是因为当政府制定的环境规制强度较弱时，企业在短期为了获得较高的利润率，往往会从生产技术创新投入①中抽出部分资金用以污染治理，或者拿出部分利润去治理污染，若企业在短期的污染治理资金来源于生产技术创新投入，则会降低企业的短期生产技术研发力度和生产预期水平。从长期的视角来看，企业发现被动治理污染的长期成本较高且效果不甚理想，会尝试通过治污技术创新来增强单位治污支出的治理效果，而治污技术创新的部分资金可能会来源于生产技术创新投入②，从而降低了企业的长期生产技术研发力度和生产预期水平。若政府不断提高环境规制强度至“拐点”水平后，被规制行业的企业数量趋于降低③，市场集中度相对提高，存留下来的富有市场竞争力的优势企业往往更重视技术创新，一定时期内，在治污技术创新边际绩效递减规律的作用下，企业将会增加对生产技术研发的投入力度，以期通过先提高生产率、产出和利润，再从增加的利润中拿出更多的资金用于污染治理，以此来满足政府较高的环境规制要求。正是在严厉环境规制强度的作用下，被规制企业反而实现了生产技术水平的快速提升。正如前文命题所述，在不同的环境规制强度约束下，企业在治污技术创新投入和生产技术创新投入上的均衡比较结果，引致了环境规制和生产技术进步在强度维度上的“U”型轨迹关系。不过，环境规制是一门艺术，规制的效果不仅取决于环境规制强度的大小，还取决环境规制的形式，如果规制形式不甚合理，即使社会和政府对污染问题的整体关注力度较大，也可能事倍功半，而达不到理想的效果，不仅会推迟“U”型曲线拐点的出现，还会大大降低“U”型曲线上升趋势的显著性。

四、结论与政策涵义

继波特在时间维度上提出环境规制将对技术创新带来“U”型影响轨迹之后，笔者认为在强度维度上也存在着一种“U”型关系，即较弱的环境规制强度会降低企业的生产技术进步率，而适度较高的环境规制强度则能提高企业的生产技术进步率。在经验分析中，首先根据1998—2007年中国30个省级行政区工业部门的面板数据测算出生产技术进步率，并在考虑国际竞争程度、企业平均规模、所有制结构和污染密集程度四个控制变量的基础上，验证了环境规制强度对生产技术进步率的影响，经验分析结果表明：东部地区和中部地区的环境规制强度和生产技术进步之

① 创新投入用于两个方面的创新：一是用于生产技术的创新，这会有效提高生产技术水平；二是用于治污技术的创新，这会有效提高生产过程减排和污染治理的水平，但这并不能有效提高生产技术水平。

② 诺斯沃西(Norsworthy)1979年和罗丝(Rose)1983年的研究表明，企业会抽调出部分生产技术创新的资金用以支撑治污技术创新的研发。

③ 无法满足环境规制要求的污染密集型小企业将会退出市场，这有利于被规制行业实现资源的集中和优化配置。

间符合"U"型关系，但是并未在西部地区发现在统计意义上显著的"U"型关系。

上述研究结果蕴含着相应的政策涵义。首先，中国政府应当进一步提高环境规制强度。一方面刺激企业进行治污技术创新，让企业在高治污水平上实现污染减排和治理；另一方面更要刺激企业进行生产技术创新，以此来提高生产率和国际竞争力。但政府亦忌走入盲目提高环境规制强度的误区，应当根据各个地区和行业的现实特点，有针对性地制定差异化的环境规制强度，并注重滚动修订，及时调整至合理水平，使环境规制能够起到持续不断的刺激作用，避免囿于某一固定的静态标准。其次，政府应当注重优化环境规制的形式。一国环境规制政策对该国企业的影响，不仅与环境规制措施的松紧程度有关，而且还取决于环境规制的形式。① 必须因地制宜，灵活运用环境税、排放权交易、回收利用系统、绿色消费②、排污费—返还机制和税收—补贴机制等多种环境规制手段，赋予企业一定的灵活性，让其能够以更为经济的方法实现环境规制要求③，从而使得"U"型曲线的下降阶段更平缓，促进其尽快突破"U"型曲线的拐点，并确保"U"型曲线上升阶段的显著性，进而为中国实现环境保护和集约型经济增长的"双赢"提供技术保障。

在经验分析过程中，本文也存在一些不足：首先，在目前已有文献提供的几种用于度量环境规制强度的指标中，均存在一定程度上的缺陷，本文选取的指标也不例外。其次，受到数据的制约，并没有对中国 30 个省级行政区工业部门进一步做出区分，如进一步分割成高污染密集型产业和低污染密集型产业等。如何进一步完善上述问题将是笔者下一步的研究方向。④

第二节　环境规制与经济增长的关系：基于中国工业部门面板数据的协整检验

一、引言

在命题 4-6 中，笔者认为在假设某一环境规制强度和形式是合理的前提下，该环境规制政策在短期会降低被规制行业的综合经济绩效，但是在长期，则

① Sartzetakis, E. S. & Constantatos, C. (1995). Environmental Regulation and International Trade, *Journal of Regulatory Economics*, 8:61—72.

② Stewart, R. B. (1993). Environmental Regulation and International Competitiveness, *Yale Law Journal*, 102:2039—2106.

③ Jaffe, A. B. & Stavins, R. N. (1995). Dynamic Incentives of Environmental Regulations: The Effects of Alternative Policy Instruments on Technology Diffusion, *Journal of Economics and Management*, 29:43—63.

④ 笔者曾基于动态优化的相关理论，证明了环境规制强度和生产技术进步之间的"U"型关系，详见附录一。

能够提高被规制行业的综合经济绩效。即在滞后一定期限之后，环境规制和综合经济绩效具备长期稳定的协整关系。假定环境规制会对综合经济绩效在短期和长期引发不一致影响的前提是：环境规制能同时引发正面效应和负面效应。但是这两种效应的综合效应还要受企业规模、企业的污染状况和环境规制政策的质量等多种因素的影响，从而导致了不确定的结果。因此，单纯分析环境规制会带来怎样的负面效应或正面效应，都是片面的，应该综合分析两种效应究竟孰大孰小以及最终的综合经济效应。

基于此，笔者根据中国工业部门1991－2008年的各省级行政区面板数据，实证研究环境规制引发的“创新补偿”效应和“优化效率”效应是否能够大于“遵循成本”，即环境规制的引入是否能够刺激经济的进一步增长，以此实现环境保护和经济增长的“双赢”。

二、验证方法和数据说明

1. 验证方法

为了验证环境规制会给经济增长带来何种影响，本文拟对环境规制和经济增长变量进行协整检验，以此确定两者之间是否具备长期稳定关系。若具备协整关系，再进行格兰杰因果检验，以此来确定两者之间是否存在因果关系，之后则建立误差修正模型。

(1) 面板数据的单位根检验

在对面板数据进行回归时，可能会遭遇两难困境：如果各变量是非平稳的，勉强进行回归则可能会出现伪回归现象，若我们对不平稳的数据进行处理，如对其进行差分使其平稳化，就可能会消除了原时间序列包含的有用信息，这样，基于差分平稳化后的数据而开展的经验回归，则不能反映出原先暗含在水平序列中的部分信息。对于可能存在这种两难困境的面板数据，可以借助协整分析方法进行处理。在开展协整检验之前，首先需要对各变量进行单位根检验，以此判定各变量的水平值是否平稳，答案如果是“否”，则对这些变量进行差分，若这些变量在 d 阶差分平稳时，则具备开展协整检验的先决条件。

有关面板数据单位根检验的研究详见莱文(Levin)和林(Lin)①、奎阿(Quah)②、曼德答拉(Maddala)和吴(Wu)③、菲利普斯(Phillips)和穆恩(Moon)④、

---

① Levin, A. & Lin, C. F. (1992). Unit Root Tests in Panel Data Asymptotic and Finite Sample Properties, Discussion Paper, University of California at San Diego.

② Quah, D. (1994). Exploiting Cross-section Variations for Unit Root Inference in Dynamic Data, *Economic Letters*, 44: 9－19.

③ Maddala, G. S. & Wu Shaowen(1999). A Comparative Study of Unit Root Tests with Panel Data and a New Sample Test, Oxford Bulletin of Economics and Statistics, 61:631－652.

④ Phillips, P. C. B. & Moon, H. R. (1999). Linear Regression Limit Theory for Nonstationary Panel Data, *Econometrica*, 67:1057－1111.

哈德里(Hadri)[①]等的文献。笔者对面板数据进行单位根检验采用 Levin-Lin-Chu (LLC)、Fisher-ADF、Fisher-PP 这三种检验方法,它们的原假设均为存在单位根。

(2) 面板数据的协整检验

面板数据协整检验方法是从传统时间序列的协整检验方法发展而来的,最早的面板协整检验是佩德罗尼(Pedroni)于 1995 年提出的。目前,面板协整检验的检验方法分为两种:一种是以不存在协整关系为原假设,使用类似 Engle-Granger 两步法平稳回归方程,从面板数据中得到残差并构造统计检验,计算其分布,比如佩德罗尼(Pedroni)和高(Kao)2000 年的研究。第二种是以存在协整关系为原假设,并基于残差进行检验,类似于哈里斯(Harris)、印德(Inder)等人于 1994 年提出的分析框架。本文采用佩德罗尼(Pedroni)、高(Kao)和基于约翰森(Johansen)与费雪(Fisher)的方法进行协整检验。其中,佩德罗尼(Pedroni)构造了 Panel V、Panel Rho、Panel PP、Panel ADF、Group Rho、Group PP 和 Group ADF 这 7 个统计量,它的原假设为无协整关系;高(Kao)构造了面板协整的 ADF 检验统计量,其原假设亦为无协整关系;费雪(Fisher)检验是由曼德答拉(Maddala)和金(Kim)把个体的约翰森(Johansen)协整的 p 值进行组合得到的,该检验包含两个统计量,两个统计量的原假设分别为不存在协整方程和至少存在一个协整方程。

(3) 格兰杰因果检验

格兰杰提出了一种基于"预测"的因果关系,后经西姆斯(Sims)[②]、格兰杰(Granger)[③]、托达(Toda)和菲利普斯(philips)[④]、赫林(Hurlin)和微纳特(Venet)[⑤]等相关文献的补充和发展,格兰杰因果检验的适用性不断得到拓展。格兰杰因果关系的基本思想是:先估计 y 被自身滞后期取值所能解释的程度,然后验证引入序列 x 的滞后值后,解释程度是否得到提高,若是,则称序列 x 是 y 的格兰杰成因,此时 x 的滞后期系数在统计意义上显著,同时,还应考虑序列 y 是否是 x 的格兰杰成因。其回归方程如下:

$$y_{it} = \alpha_0 + \sum_{h=1}^{k} \alpha_h y_{i,t-1} + \sum_{j=1}^{k} \beta_j x_{i,t-j} + \varepsilon_{it} \tag{5-12}$$

---

① Hadri, K. (2000). Testing for Stationarity in Heterogeneous Panel Data Models with Fixed Coefficients, Mimeo, University Orleans.

② Sims, C. A. (1980). Macroeconomics and Reality, *Econometrica*, 48:1—48.

③ Granger, C. W. J. (1980). Testing for Causality: A Personal ViewPoint, *Economic Dynamics and Control*, 2:329—352.

④ Toda, H. & Philips, P. C. B. (1993). Vector Autoregressive and Causality, *Econometrica*, 61: 1367—1393.

⑤ Hurlin, C. & Venet, B. (2001). Granger Causality Tests in Panel Data Models with Fixed Coefficients, Working Paper, University of Paris IX.

$$x_{it} = \alpha_0 + \sum_{h=1}^{k} \alpha_h x_{i,t-1} + \sum_{j=1}^{k} \beta_j y_{i,t-j} + \eta_{it} \tag{5-13}$$

其中，k 为最大滞后阶数。检验的原假设是序列 $x(y)$ 不是序列 $y(x)$ 的格兰杰成因，即 $\beta_1=\beta_2=\cdots=\beta_k=0$，可以通过计算相应的 F 统计量和相伴概率进行判定。

(4) 误差修正模型

如果两个变量之间存在协整关系，则它们的短期非均衡关系一定可以建立误差修正模型。误差修正模型的基本形式由戴维森(Davidson)等(1978)提出，将其应用到面板数据上，是将 ADL(1,1)模型：

$$y_{it} = \beta_0 + \beta_1 x_{it} + \beta_2 y_{i,t-1} + \beta_3 x_{i,t-1} + \varepsilon_{it} \tag{5-14}$$

移项、整理后得到：

$$\Delta y_{it} = \beta_0 + \beta_1 \Delta x_{it} + (\beta_2 - 1)\left(y - \frac{\beta_1 + \beta_3}{1-\beta_2} x\right)_{i,t-1} + \varepsilon_{it} \tag{5-15}$$

式(5-15)即为误差修正模型。其中 $\left(y - \frac{\beta_1 + \beta_3}{1-\beta_2} x\right)$ 为误差修正项，可以记为 ECM，因此，式(5-15)也可以表示成：

$$\Delta y_{it} = \beta_0 + \beta_1 \Delta x_{it} + \lambda \mathrm{ECM}_{i,t-1} + \varepsilon_{it} \tag{5-16}$$

这样，被解释变量的波动可以分为两部分：一部分是短期波动，另一部分是长期均衡。式(5-16)中需满足 $\lambda<0$，因此，当 $\Delta y_{i,t-1} > \frac{\beta_1+\beta_3}{1-\beta_2} x_{i,t-1}$ 时，$\mathrm{ECM}_{i,t-1}>0$，则 $\lambda \mathrm{ECM}_{i,t-1}<0$，将会减少 $\Delta y_{i,t}$，反之亦然。从而体现了 ECM 对 $\Delta y_{i,t}$ 的修正作用。

2. 数据说明

本文所用数据根据历年《中国统计年鉴》《中国环境年鉴》和《中国环境统计公报》整理、计算而得。由于中国环境数据的统计与发布较晚，1990 年才开始出版《中国环境年鉴》，有关治理工业污染项目投资额的分省数据，直到 1998 年才被公布，因此笔者所选取数据均以 1998 年为起点，一直分析到 2008 年。同时，由于西藏自治区的数据在样本年间缺省严重，本文剔除该地区，以剩余的 30 个省级行政区为分析样本。在变量的选取上，笔者选取分省工业增加值(亿元)作为衡量经济增长的指标，并根据工业品出厂价格指数平减至 1991 年的水平。

至于环境规制的衡量指标，笔者选取分省治理工业污染项目投资额①(亿

① 因为污染的排放具有外部性，在没有环境规制时，企业缺乏减排和治污的倾向，而环境规制则能把治污加以内化。因此，当治理工业污染项目投资额发生变化时，就意味着环境规制强度发生了变化。

元)作为度量环境规制强度的指标，并根据固定资产投资价格指数与 1991 年不变价格进行平减，当该投资额上升时，表明环境规制趋于严格，反之亦然。

三、实证结果及其分析

1. 环境规制和经济增长的单位根检验

各变量同阶单整是变量间具备协整关系的必要非充分条件。因此，必须先对各变量进行单位根检验。为避免单一方法可能存在的缺陷，笔者运用 EViews6.0 对环境规制变量(*ER*)和经济增长变量(*GDP*)用 Levin-Lin-Chu (LLC)、Fisher-ADF、Fisher-PP 这三种检验方法进行单位根检验，检验结果见表 5-5。两个变量水平值的单位根结果显示，即使在 10%的显著性水平上也不能拒绝有单位根的原假设，说明水平值存在单位根，是不平稳的；而两个变量的一阶差分单位根检验结果表明，至少在 1%的显著性水平上能拒绝有单位根的原假设，一阶差分序列不存在单位根，是平稳的。因此，可以得出环境规制和经济增长这两个变量均为一阶单整序列，记为 $I(1)$，这符合下一步开展协整检验的基本前提。

表 5-5　各变量水平值和一阶差分面板单位根检验结果

变量	LLC		Fisher-ADF		Fisher-PP		是否平稳
	统计量	p 值	统计量	p 值	统计量	p 值	
ER	1.507	0.934	65.125	0.303	47.902	0.870	否
Δ*ER*	−17.370***	0.0000	191.269***	0.0001	253.091***	0.0000	是
GDP	1.117	0.868	35.455	0.995	43.604	0.945	否
Δ*GDP*	−8.298***	0.0000	83.815**	0.023	126.182***	0.0000	是

注：*** 表示在 1%的统计学水平上差异显著，** 表示在 5%的统计学水平上差异显著。

2. 环境规制和经济增长的协整检验

表 5-5 中的单位根检验显示，环境规制和经济增长两个变量都为一阶单整序列，两变量之间具备存在协整关系的可能性。笔者通过佩德罗尼(Pedroni)和高(Kao)的二种检验方法来检验环境规制和经济增长之间是否存在协整关系，检验结果见表5-6。在佩德罗尼(Pedroni)构建的 7 个指标中，面板 v、面板 rho、面板 PP、面板 ADF、群 PP 和群 ADF 六个指标的检验效果较好，至少能在 1%的水平上拒绝无协整关系的原假设；群 rho 的检验效果稍差，但仍能在 15%的显著性水平上拒绝无协整关系的原假设；高(Kao)的检验表明至少能在 1%的显著性水平上拒绝无协整关系的原假设。因此，面板协整检验结果支持在环境规制变量和经济增长变量之间存在协整关系。

表 5-6　经济增长和环境规制强度的协整检验结果

		ER与GDP	
		统计量	p值
Pedroni	面板 v	2.441***	0.007
	面板 rho	−4.801***	0.000
	面板 PP	−4.589***	0.000
	面板 ADF	−5.061***	0.000
	群 rho	−1.103	0.135
	群 PP	−5.451***	0.000
	群 ADF	−6.818***	0.000
Kao	ADF	−2.399***	0.008

注：*** 表示在1%的统计学水平上差异显著。

3. 环境规制和经济增长的格兰杰因果检验

虽然环境规制变量和经济增长变量的水平值是不平稳的，但两变量均为一阶单整序列，且两者之间具备协整关系，因此，可以对环境规制变量和经济增长变量之间进行格兰杰因果检验，检验结果见表5-7。

表 5-7　环境规制和经济增长的格兰杰因果检验

因果关系假定	滞后期数	F值	P值	决策	因果关系结论
ER≠>GDP GDP≠>ER	1	26.6612***	0.0000	拒绝	ER=>GDP
		17.7426***	0.0000	拒绝	GDP=>ER
	2	8.9246***	0.0002	拒绝	ER=>GDP
		6.0106***	0.0028	拒绝	GDP=>ER
	3	5.2131***	0.0017	拒绝	ER=>GDP
		3.2021***	0.0240	拒绝	GDP=>ER

注：*** 表示在1%的统计学水平上差异显著。

由表5-7可知，对于环境规制不是经济增长的格兰杰检验在滞后1期、2期和3期的相伴概率分别是0.0000、0.0002和0.0017，表明至少在99%的置信水平下，可以认为环境规制是经济增长的格兰杰成因，拒绝了环境规制不是经济增长格兰杰成因的原假设；同时，在滞后1期、2期和3期的模型中，对于经济增长不是环境规制的格兰杰成因的原假设，检验结果显示拒绝原假设犯第一类错误的概率分别是0.0000、0.0028和0.0240，表明经济增长不是环境规制的格兰杰成因的概率较小，可以拒绝原假设，经济增长变量是环境规制变量的格兰杰成因。因此,格兰杰检验表明环境规制和经济增长两变量之间互为因果。

4. 误差修正模型

在协整分析中,前文已经证实环境规制和经济增长之间具备长期稳定的协整关系,并且通过格兰杰因果检验,得知环境规制为经济增长的格兰杰成因。可以建立误差修正模型(*ECM*)①,以此来全面地反映出变量间的短期和长期关系。通过 Hausman 检验和 F 检验,选取固定效应进行回归。可以估计出以下误差修正模型:

$$\Delta GDP_{it} = \underset{(31.23^{***})}{145.742} + \underset{(5.261^{***})}{13.358\Delta ER_{it}} - \underset{(-10.615^{***})}{0.104ECM_{i,t-1}} \quad (5\text{-}17)$$

$R^2=0.396, f=17.188^{***}$②

其中:模型的长期趋势为:$GDP_{i,t}=479.375+143.134ER_{i,t}$ (5-18)

误差修正项为:$ECM_{i,t-1}=GDP_{i,t-1}-143.134ER_{i,t-1}-479.375$ (5-19)

模型的回归系数均通过了显著性检验。从式(5-17)可看出,短期系数 ΔER_{it} 为 13.359,说明在短期内,环境规制强度增量的 13.359 倍用于经济增长增量,从而体现了环境规制变动对经济增长变动会产生正向的推动作用,且推动的杠杆效应较大。误差修正项 $ECM_{i,t-1}$ 前的系数为-0.104,负向的符号符合误差修正模型的反向修正机制,并以 10.4%的比例对次年的经济增长变动产生修正作用,说明环境规制和经济增长之间的均衡机制对经济增长具备一定程度上的影响作用。通过环境规制对经济增长短期和长期影响作用的比较发现,环境规制在长期内对经济增长的正向促进作用更为显著。

四、结论与政策涵义

中国的工业领域能够实现环境规制和经济增长的"双赢"吗? 为了解答这一问题,笔者基于中国工业部门 1991—2008 年的分省面板数据,对环境规制变量和经济增长变量先后开展了单位根检验、协整检验、格兰杰和误差修正模型构建,并得到下述结论:首先,环境规制和经济增长之间具备长期稳定关系;其次,环境规制和经济增长之间互为因果,经济增长是环境规制强度加大的格兰杰成因③,同时,环境规制也是经济增长的格兰杰成因;最后,环境规制强度的增强能促进经济增长率,并且这种提升作用在长期要比短期更为明显。以上经验研究结果表明:中国当前的环境规制形式能够激发足够大的"创新补偿"效应

---

① 由于经济增长和环境规制之间协整且互为因果,因此可以建立两个误差修正模型,但限于篇幅和本书分析重点,这里仅建立环境规制对经济增长影响作用的误差修正模型。

② *** 表示在 1%的统计学水平上差异显著。

③ 表明随着经济水平的提升,人们对于环境的保护和规制意识是逐步提升的,从一定程度上支持了倒"U"型环境库兹涅茨曲线为何会出现下降阶段。

和“优化效率”效应，这些正向效应不仅能够弥补企业的“遵循成本”，而且还能提高企业生产率和竞争力，从而促进经济增长，实现环境保护和经济增长的“双赢”。

虽然中国当前的环境规制和经济增长之间能够在一定程度上实现“双赢”，但是尚存较大改进空间。相应的政策涵义可以参见上节第四部分的政策涵义。

第三节　小结

基于命题4-5和命题4-6，本章开展了两个经验研究。

第一个经验研究从强度维度验证了环境规制强度对生产技术进步率的影响。在经验分析中，我们首先根据1998—2007年中国30个省级行政区工业部门的面板数据测算出生产技术进步率，并在考虑国际竞争程度、企业平均规模、所有制结构和污染密集程度四个控制变量的基础上，验证了环境规制强度对生产技术进步率的影响，经验分析结果表明：东部地区和中部地区的环境规制强度和生产技术进步之间符合“U”型关系，但是并未在西部地区发现在统计意义上显著的“U”型关系。

第二个经验研究验证了环境规制和经济增长之间的关系。基于中国工业部门1991—2008年的省际面板数据，对环境规制和经济增长两个变量进行了单位根检验、协整检验、格兰杰因果检验，并在此基础上构建了误差修正模型，研究结果表明：① 环境规制和经济增长之间具备长期稳定的协整关系；② 经济增长是环境规制强度加大的格兰杰成因，环境规制也是经济增长的格兰杰成因，因此，环境规制和经济增长之间互为因果；③ 环境规制强度的提高能促进经济的增长率，并且这种提升作用在长期要比短期更为明显。

基于上述两个经验研究，蕴含相应政策涵义：① 中国的环境规制强度仍相对较弱，有进一步加强的空间；② 环境规制政策的制定是一门艺术，应当因地制宜地优化环境规制形式，从而起到持续的事半功倍的效果。环境规制在起到环境保护作用的同时，应刺激出更多的正面效应，特别是要刺激出生产技术进步和治污技术进步效应，以此为中国实现环境保护和经济增长的“双赢”提供技术支撑。

第六章　总结与研究展望

中国作为一个负责任的发展中国家，已经向世人做出了单位GDP碳排放减少40%～45%的承诺，在这样的国际国内双重压力下，调整产业结构，优化产业布局，发展绿色经济、循环经济就显得尤为重要。一方面避免在可预见的未来受制于西方发达国家，另一方面更重要的是以此为契机真正实现健康、绿色的经济发展模式。基于这种背景，笔者在S-C-P范式的分析框架下研究了中国的环境规制问题，具体地说，在基于环境库兹涅茨曲线对中国环境污染和经济增长关系做出全面判断的基础上，从理论上分析了环境规制对市场结构、市场行为和市场绩效的影响，得到了以下六个命题：

命题一：环境规制强度和被规制行业的市场集中度呈正相关关系。且这种集中度的提高是以环境友好型优势企业的进一步壮大、污染密集型劣势企业的逐步减少为典型特征的。

命题二：当环境规制强度在国家和地区之间存在差异时，实施严格环境规制强度的国家和地区的污染密集型产业具备向较弱环境规制强度的国家和地区转移的倾向，并且该倾向的程度和环境规制强度的差异性程度正相关。

命题三：若政府对污染排放量进行规制，企业的污染治理支出(直接治理污染的支出和购买排放权的支出之和)在短期内会趋于上升，但该污染治理支出并不会无限趋于上升，而是会在治污技术进步的作用下，趋于收敛至某一稳态水平。当环境规制强度提高后，会引发新一轮的污染治理支出上涨，但亦会趋于收敛至某一新的水平。

命题四：当政府制定极弱的环境规制强度时，不会对企业的生产技术创新投资和治污技术创新投资带来显著影响，随着环境规制强度的逐步增强，生产技术创新投资额增长率会呈现先下降后上升的"U"型趋势，治污技术创新投资额增长率会呈现"J"型上升趋势。不过，总的技术创新投资额会呈现上升趋势，即总的技术创新投资额和环境规制强度正相关。

命题五：在强度维度上，环境规制强度和企业治污技术进步之间符合正相关关系，即随着环境规制强度的逐步加强，治污技术水平亦逐步增强；而环境规制强度和企业生产技术进步之间则符合"U"型关系。即经过一个特定的时期之后，较弱的环境规制强度将降低先前的生产技术进步率；相反，相对较强的环境规制强度却能提高先前的生产技术进步率。

命题六：在假设某一环境规制强度和形式是合理的前提下，该环境规制政策在短期内会降低被规制行业的综合经济绩效，但是在长期，则能够提高被规制行业的综合经济绩效。即在滞后一定期限之后，环境规制和综合经济绩效具备长期稳定的协整关系。

在上述六个命题中，命题一和命题二是针对环境规制和市场结构的关系提出的，命题三和命题四是根据环境规制和市场行为的关系提出的，而命题五和命题六则是在分析环境规制和市场绩效的关系时提出的。

现实的复杂性和多维性要求我们有必要对提出的命题进行一个经验验证。正因为此，本文在第五章中主要针对环境规制和市场绩效的关系（即命题五和命题六）做了两个实证研究。[①] 这两个实证研究均在一定程度上支持了第四章提出的命题五和命题六的主要观点。

本研究蕴含着相应的政策涵义：

（1）中国政府应当进一步提高环境规制强度。据2005年世界146个参评国家和地区的环境监管指标EG得分和排名情况，中国的EG得分和巴基斯坦、刚果、叙利亚共和国与几内亚等发展中国家处于近似水平。如此低的环境规制强度导致了中国相对较低的环境绩效排名，因此，进一步加大环境规制强度来改善环境质量已经迫在眉睫。但政府亦忌走入盲目提高环境规制强度的误区，应当根据各个地区和行业的现实特点，有针对性地制定差异化的环境规制强度，并注重滚动修订，及时调整至合理水平，使环境规制能够起到持续不断的刺激作用，避免囿于某一固定的静态标准。

（2）中国政府应当注重优化环境规制的形式。一个国家的环境规制政策对该国企业的影响，不仅与环境规制措施的松紧程度有关，而且还取决于环境规制的形式。这就必须因地制宜，灵活运用环境税、排放权交易、回收利用系统、绿色消费、排污费—返还机制和税收—补贴机制等多种环境规制手段，赋予企业一定灵活性，让其能够以更为经济的方法实现环境规制的要求。

（3）借助环境规制之机，适度提高产业集中度水平。目前，中国的工业部门普遍存在着产能过剩问题，温家宝基于此也发表了如何避免中国经济"二次探底"的演说。不可否认，产业集中度问题和产能过剩问题是密切相连的。产能之所以过剩，往往来源于没有市场需求的落后产能，而这种落

① 笔者在撰写初期是计划对本书的六个命题均开展实证研究的，由于命题四部分的实证研究所需要的数据无法获取，因而只完成了命题一、二、三、五、六。笔者为了结构上的完整，暂将和命题一、命题二及命题三部分对应的实证部分进行了删除。读者若有兴趣，可以参阅笔者在《国际贸易问题》等杂志上发表的文章。

后产能也往往由中小型企业所生产，因此，适度淘汰污染排放严重、产品附加值低的企业，提高产业集中度，有利于解决产能过剩问题、有利于避免中国经济刚走出金融危机的泥潭又再次落入低谷。而如何更为合理的甄别出哪些企业需要重点扶持、哪些企业应当停产，是解决产能过剩和提高集中度的关键。

(4) 在环境保护和低碳经济的背景下，应当对外资的引进类型和规模持审慎态度。许多学者在“污染避难所假说”上的理论分析和经验验证，让我们认识到由于国内国外在环境规制强度上的差异性，让外资企业具备向中国转移污染密集型产业的动机。在改革开放后的最初几年里，中国一些地区过分注重出口数量，忽视对环境进行保护，并引进了大量的 FDI 资金，而这些 FDI 资金往往偏向于污染密集型产业，从而使得中国在 20 世纪 90 年代中后期的污染物排放量快速上升。这种污染密集型产业的转移显然是不利于中国推进环境保护和经济增长的“双赢”进程的。在外资受国际金融危机影响而实力下降的时机，应适度扩大国内企业比重，推进“外退民进”新格局。

(5) 治污技术进步固然重要，生产技术进步更是立命之本。由于技术存在溢出和关联效应，生产技术进步在一定程度上能够降低污染排放量，但它在本质上是为了提高产出和实现资本增值，缺乏改进环境质量的内在冲动，这就需要治污技术进步的配套支持。但是，一个国家的核心竞争力在于生产技术水平，而合适的环境规制强度和形式不仅能够刺激企业进行治污技术创新，还能够激励企业进行生产技术创新。如何设计合适的环境规制政策，刺激企业同时实现治污技术进步和生产技术进步，无疑是我们需要研究的重点。

最后，需要指出的是，本研究尚存在诸多不足，但这些不足之处恰恰构成了笔者未来研究和努力的方向。这些可能的研究方向有：① 什么样的环境规制政策才是更为合适的？② 生产技术进步和治污技术进步之间具备什么样的动态关系？③ 中国的二氧化碳减排计划应当怎样在各省份和各行业之间进行分解？④ 环境规制强度和工业部门经济增长之间具备关系收敛吗？等等。

附录　基于动态优化的数理证明

一、基本模型

借鉴塞尔登(Selden)、宋(Song)1995年和陆旸、郭路2008年的带有污染的新古典增长模型,本书在模型中,首先假定存在一个理性经济人和政府,该国的人口增长率为零,且该国就业是充分的;在这个经济中,污染是从生产中产生的,政府为了整个社会福利的最大化,将对伴随生产而出现的污染进行规制,并且政府的环境规制强度越高,相应的污染水平就会越低;该经济人的目的是使其在长期效用达到最大,其长期效用函数构造如下:

$$W=\int_0^{\infty} e^{-\rho t}U(C,t)\mathrm{d}t \quad 0<\rho<1 \tag{附录 1-1}$$

其中,ρ为时间贴现因子,C为消费,t为时间。$U(C,t)$表示这个经济人的效用函数且$U'_C>0$、$U''_C<0$,这表明随着消费量的增加,经济人的效用是递增的,但是增长量是边际递减的。可以假设效用函数为:$U(C)=C^{1-\sigma}/(1-\sigma)$,$\sigma<1$,$\sigma$为经济人的相对风险厌恶系数。

笔者认为在假定人口增长率为零且就业是充分的条件下,生产过程中的产出(Y)是资本存量(K)和生产技术进步①[$\lambda(K_1)$]的函数,并且假设该技术是希克斯中性的。由于政府的环境规制制定了一定的污染水平,经济人会采取两种方法把污染降低到给定水平内:一种方法是采取和治污直接相关的措施。如从总产出中拿出一部分用于污染治理,或者进行和治污相关的技术购买、技术创新,无论哪种都能使单位产出的污染排放量降低,在本文中将其统称为污染治理支出。另一种方法是通过对生产技术的投入(K_1),依靠生产技术进步使得产量得以提高,再从这些更高的产出水平中拿出一部分进行环境治理以降低污染水平。由于经济人有这两种方式降低污染,所以他总是在这两种方式中进行权衡,以取得最优的污染治理支出和生产技术进步投入。在这种情况下,资本增量($\dot{K}$)为产出减去消费、资本折旧、技术投入和污染治理之后剩下的部分。假设资本折旧率为δ,则资本增量如下所示:

① 借鉴都市有村(Arimura Toshi)等2007年的分析思路,本文将技术进步分为生产技术进步和治污技术进步。其中生产技术进步来源于生产技术的创新,并能提高总产出(GDP);而治污技术进步来源于治污技术的创新,它能降低单位产出的污染排放量。

$$\dot{K}=\lambda(K_1)f(K)-C-\delta K-K_1-E \quad 0<\delta<1 \qquad \text{(附录 1-2)}$$

环境污染的变化受到三个方面的影响：首先是产出的增加会加剧污染，在其他条件不变的情况下，污染随产出同比例增加。其次是污染治理效应，在治污规模报酬不变的情况下，污染治理支出(E)是污染增量($\dot{P}$)的一次函数。最后是污染本身也存在一定程度的指数“衰减”，即大自然是以指数的形式对污染存量进行“消化”的。根据以上分析，污染增量满足下式：

$$\dot{P}\eta\lambda(K_1)f(K)-\alpha E-P^{\gamma} \quad \alpha>0,\eta>0 \qquad \text{(附录 1-3)}$$

其中，η 为单位产出的污染排放量；α 表示单位治污支出带来的污染降低量；γ 为衰减指数；P^{γ} 是污染本身的衰减量，也就是自然界对污染的吸收量。由于自然界对污染的吸收有一个阈值效应，当污染水平没有达到阈值时，自然界能够较快地吸收污染，此时的 $\gamma>1$；但当污染增多并越过阈值后，自然界对污染的吸收能力就出现了下降的趋势，即 $0<\gamma<1$。

生产技术水平的提高程度取决于经济人对生产技术进步的投入量，因此生产技术水平是生产技术投入的函数 $\lambda(K_1)$。假设新技术的产生服从 Poisson 过程①，在一定期限内，经济人在生产技术上投入越多的资金就会产生更多的生产技术进步。但是，新技术的产生需要投入比以往更多的资金，因此生产技术水平的提高幅度随着资金投入的增加是不断递减的。根据以上说明，可以认为生产技术水平满足：$\lambda'(K_1)>0$，$\lambda''(K_1)<0$，另外，满足 $\lambda(0)=0$。

根据上面的内容，构造式(附录 1-1)、式(附录 1-2)和式(附录 1-3)的现值 Hamilton 算式如下：

$$H=U(C)+\mu[\lambda(K_1)f(K)f-C-\delta K-K_1-E]+$$
$$\theta[\eta\lambda(K_1)f(K)-\alpha E-P^{\gamma}] \qquad \text{(附录 1-4)}$$

现值 Hamilton 算式的一阶条件如下所示：

$$U'_C=\mu \qquad \text{(附录 1-5)}$$

$$\mu[\lambda'(K_1)f(K)-1]+\theta[\eta\lambda'(K_1)f(K)]=0 \qquad \text{(附录 1-6)}$$

$$-\mu-\alpha\theta=0 \qquad \text{(附录 1-7)}$$

Euler 条件为：

$$-\dot{\mu}=\frac{\partial H}{\partial K}=\mu[\lambda(K_1)f'(K)-\delta]-\theta[\eta\lambda(K_1)f'(K)] \qquad \text{(附录 1-8)}$$

$$-\dot{\theta}=\frac{\partial H}{\partial P}=-\theta[P^{\gamma-1}] \qquad \text{(附录 1-9)}$$

横截面条件如下：

$$\mu(\infty)=0;\theta(\infty)=0 \qquad \text{(附录 1-10)}$$

① 这里可以理解为：$\lambda(K_1)$是生产技术进步的一个期望。

在政府环境规制的作用下，这一经济人对于消费、污染治理支出和生产技术投入的最优选择应当满足式(附录1-5)至式(附录1-10)，也许在现实中，一个经济人的实际选择可能会和这6个式子有所不同，但是并不会偏离这一最优路径太远，而是围绕最优选择上下波动。基于此，后文将进一步分析随着政府设定的环境规制强度发生变化，经济人的相应最优选择会对生产技术进步带来何种影响。

二、环境规制强度与生产技术进步的“U”型关系

由于经济人在生产技术上有不断的投入，因此这个经济的稳态增长率是不为零的。根据罗默(Romer)和阿洪(Aghion)、休伊特(Howitt)等学者的分析，经济中的各个变量达到稳态时，变量的增长率是不变的。另外，经济人根据政府制定的环境规制水平，选择最优的消费、污染治理支出和生产技术投入，并且均满足上文的一阶条件、Euler条件和横截面条件。这就暗含着不同的环境规制强度会诱发不同的生产技术投入，以至于产出不同的生产技术进步。

对式(附录1-5)的时间 t 求导得：$U''_C\dot{C}=\dot{\mu}$ (附录1-11)

由于存在生产技术进步，所以稳态经济增长率不为零。令 g 为经济增长率①，稳态时，$g=\frac{\dot{C}}{C}=\frac{\dot{\lambda}}{\lambda}$成立。联立式(附录1-5)和式(附录1-11)，可得：

$$\frac{\dot{\mu}}{\mu}=-\sigma\cdot g \quad \text{(附录1-12)}$$

稳态时，$\frac{\dot{\mu}}{\mu}=\frac{\dot{\theta}}{\theta}$，与式(附录1-9)和式(附录1-12)联立，可得：

$$-\sigma\cdot g=P^{\gamma-1} \quad \text{(附录1-13)}$$

定义环境规制强度为 R，如果环境规制强度越高，则污染水平也就越低，因此污染水平与环境规制强度满足 $P'(R)<0$，但是随着环境规制程度的增强，污染的降低程度是递减的，因此满足 $P''(R)>0$。而且再强的环境规制水平也不可能使污染全部消失，即 $\lim_{R\to\infty}P(R)\to 0^+$。

式(附录1-13)也可以表示为：$g=\frac{P(R)^{\gamma-1}}{-\sigma}$ (附录1-14)

对式(附录1-14)求一阶导，得：

$$g'_R=-(1/\sigma)\cdot(\gamma-1)\cdot P(R)^{\gamma-2}\cdot P'(R) \quad \text{(附录1-15)}$$

当环境规制强度较低、污染处于较高的水平时，自然界对污染的吸收能力降低，$0<\gamma<1$、$P'(R)<0$，可得：$g'_R<0$。此阶段表明，当提高环境规制强度，企

① 在稳态时，经济增长率即为生产技术进步率。

业会相对减少对生产技术的投入,使得生产技术进步减缓。当环境规制强度由低变高、污染出现下降并处于较低的水平时,由于 $\gamma>1, P'(R)<0$,可得:$g'_R>0$。此阶段表明,当继续提高环境规制强度,企业会相对增加对生产技术的投入,使得生产技术进步加快。

$$g''_R=-(1/\sigma)\cdot(\gamma-1)\cdot[P(R)^{\gamma-2}\cdot P''(R)+(\gamma-2)\cdot P(R)^{\gamma-3}-P'(R)] \quad \text{(附录 1-16)}$$

对式(附录 1-14)求二阶导,得到式(附录 1-16),并且将各个变量的值代入,得到 $g''_R>0$。因此,根据式(附录 1-14)的一阶导和二阶导的值,可以得出环境规制强度与生产技术进步符合"U"型关系。

图表索引

参考文献

[1] 程雁,郑玉刚.我国贸易自由化的环境效应分析——基于“污染避难所”假说与要素禀赋比较优势的检验.山东大学学报:哲学社会科学版,2009,2:65—70.

[2] 单豪杰,师博.中国工业部门的资本回报率:1978—2006.产业经济研究,2008,6:1—9.

[3] 杜朝晖.产业组织理论.北京:中国人民大学出版社,2010.

[4] [英]多纳德·海,德里克·莫瑞斯.产业经济学与组织.钟鸿钧等译.北京:经济科学出版社,1998.

[5] 傅京燕,周浩.贸易开放、要素禀赋与环境质量:基于我国省区面板数据的研究,国际贸易问题,2010,8:84—92.

[6] 干春晖.产业经济学:教程与案例.北京:机械工业出版社,2006.

[7] 国际地球科学信息中心网.2010 Environmental Performance Index,http://sedac.ciesin.columbia.edu/es/epi/downloads.html.2010.

[8] 国际地球科学信息中心网.2005 Environmental Sustainability Index,http://sedac.ciesin.columbia.edu/es/esi/downloads.html.2008.

[9] 高运胜,张永安.欧盟新绿色壁垒对我国中小企业出口影响分析.财贸经济,2007,13:96—104.

[10] 韩玉军,陆旸.经济增长与环境的关系——基于对 CO_2 环境库兹涅茨曲线的实证研究.经济理论与经济管理,2009,3:5—11.

[11] 何静,许建.中国外商直接投资污染转移效应测度方法研究.统计研究,2007,3:26—30.

[12] 江珂.环境规制对中国技术创新能力影响及区域差异分析——基于中国1999—2007年省际面板数据分析.中国科技论坛,2009,10:28—33.

[13] [日]今井贤一,金洪云译.内部组织的经济学.上海:三联书店,2004.

[14] 孔祥利,毛毅.我国环境规制与经济增长关系的区域差异分析——基于东、中、西部面板数据的实证研究.南京师范大学学报:社会科学版,2010,1:56—60.

[15] 李猛.财政分权与环境污染——对环境库兹涅茨假说的修正.经济评

论,2009,5:54—59.

[16] 李强,聂锐.环境规制与区域技术创新——基于中国省际面板数据的实证分析.中南财经政法大学学报,2009,4:18—23.

[17] 李瑞娥,张海军.中国环境库兹涅茨曲线的变化特征(1981—2004).西安交通大学学报:社会科学版,2008,7:35—43.

[18] 李小平,卢现祥.国际贸易、污染产业转移和中国工业 CO_2 排放.经济研究,2010,1:15—26.

[19] 李秀香,潘晓倩.影响我国环境库兹涅茨曲线的外贸与环境政策分析.当代财经,2007,11:78—84.

[20] 李永友,沈坤荣.我国污染控制政策的减排效果——基于省级工业污染数据的实证分析.管理世界,2008,7:7—17.

[21] 李泳,李金青.环境规制政策与中国经济增长——基于一种可计算非线性动态投入产出模型.系统工程,2009,11:7—13.

[22] 李昭华,蒋冰冰.欧盟环境规制对我国纺织品与服装出口的绿色壁垒效应——基于我国四种纺织品与服装出口欧盟11国的面板数据分析.中国工业经济,2009,6:130—140.

[23] 李昭华,蒋冰冰.欧盟环境规制对我国家电出口的绿色壁垒效应.中国人口·资源与环境,2010,3:136—142.

[24] 刘金全,郑挺国,宋涛.中国环境污染与经济增长之间的相关性研究——基于线性和非线性计量模型的实证分析.中国软科学,2009,2:98—106.

[25] 陆旸.环境规制影响了污染密集型商品的贸易比较优势吗?经济研究,2009,4:28—40.

[26] 陆旸,郭路.环境库兹涅茨倒U型曲线和环境支出的S型曲线:一个新古典增长框架下的理论解释.世界经济,2008,12:82—92.

[27] 马士国.环境规制工具的设计与实效效应.上海:三联书店,2009.

[28] 马树才,李国柱.中国经济增长与环境污染关系的Kuznets曲线.统计研究,2006,8:37—40.

[29] [英]琼·罗宾逊著,陈良壁译.不完全竞争经济学.北京:商务印书馆,1961.

[30] 苏东水.产业经济学.北京:高等教育出版社,1999.

[31] [日]丸川知雄.关于企业集团中间组织产生的理论依据.中国工业经济,1992,9:48—54.

[32] 汪晓文,刘欢欢."污染避难所假说"在西部欠发达地区的现实考量.中国社会科学院研究生院学报,2009,11:52—62.

[33] 王兵，吴延瑞，颜鹏飞. 环境管制与全要素生产率增长：APEC的实证研究. 经济研究，2008，5：19—32.

[34] 王灿，陈吉宁，邹骥. 基于CGE模型的CO_2减排对中国经济的影响. 清华大学学报：自然科学版，2005，12；1621—1624.

[35] 王国印，王动. 环境规制与企业科技创新——低碳视角下波特假说在东部地区的检验性研究. 科技与经济，2010：10：70—74.

[36] 王怡. 环境规制有关问题研究. 西南财经大学博士论文，2004：13—19.

[37] 王志明，袁建新. 技术性贸易壁垒的影响及中国的对策. 世界经济，2003，7：31—34.

[38] 谢地. 产业组织经济学，吉林：吉林大学出版社，1998.

[39] 解垩. 环境规制与中国工业生产率增长. 产业经济研究，2008，1：19—25.

[40] [英]亚当·斯密著，文熙译. 国富论. 湖北：武汉大学出版社，2010.

[41] 杨昌举，蒋腾，苗青. 关注西部：产业转移与污染转移. 环境保护，2006，8(A)：34—38.

[42] 杨志，张洪国. 气候变化与低碳经济、绿色经济、循环经济之辨析. 广东社会科学，2009，6：34—42.

[43] 于峰，齐建国. 开放经济下环境污染的分解分析——基于1990—2003年间我国各省市的面板数据. 统计研究，2007，1：47—53.

[44] 于同申，张成. 环境规制与经济增长的关系——基于中国工业部门面板数据的协整检验. 学习与探索，2010，2：131—134.

[45] [美]张伯伦著，周文译. 垄断竞争理论. 北京：华夏出版社，2009.

[46] 张成. 内资和外资：谁更有利于环境保护？——来自我国工业部门面板数据的经验分析. 国际贸易问题，2011，2：98—106.

[47] 张成，陆旸，郭路，于同申. 环境规制强度和生产技术进步. 经济研究，2011，2：113—124.

[48] 张成，于同申，郭路. 环境规制影响了中国工业的生产率吗？——基于DEA与协整分析的实证检验. 经济理论与经济管理，2010，3：11—17.

[49] 张红凤，周峰，杨慧，郭庆. 环境保护与经济发展双赢的规制绩效实证分析. 经济研究，2009，3：14—26.

[50] 张维迎. 博弈论与信息经济学. 上海：上海三联书店，2004.

[51] 张晓. 中国环境政策的总体评价. 中国社会科学，1999，3：88—99.

[52] 赵红. 环境规制对中国产业技术创新的影响. 经济管理，2007，21：

57—61.

[53] 赵哲,罗永明."污染避难所"假说在中国的实证检验.生态经济,2008,7:102—104.

[54] [日]植草益著,朱邵文等译.微观规制经济学.北京:中国发展出版社,1992.

[55] 周志忍.当代国外行政改革比较研究.北京:国家行政学院出版社,1999.

[56] 朱方明,姚树荣等.企业经济学.北京:经济科学出版社,2009.

[57] [英]庇古.著,陆民仁译.福利经济学.台北:台湾银行经济研究室编印,1971.

[58] Akbostanci, E. & Tunc, G. I. & Tutut-Asik, S. (2007). Pollution Haven Hypothesis and the Role of Dirty Industries in Turkey's Exports, *Environment and Development Economics*, 12:297—322.

[59] Andress, A. P. (1994). Externality and Institutions, Oxford: Clarendon Press, 1.

[60] Antweiler, W. & Copeland, B. R. & Taylor, M. S. (2001). Is Free Trade Good for the Environment, *American Economic Review*, 91:877—908.

[61] Arimura Toshi, H. & Sugino, M. (2007). Does Stringent Environmental Regulation Stimulate Environment Related Technological Innovation? *Sophia Economic Review*, 52:1—14.

[62] Bain, J. S. (1968). Industrial Organization, New York: Wiley & Sons.

[63] Barbara, A. J. & McConnell, V. D. (1990). The Impacts of Environmental Regulations on Productivity: Direct and Indirect Effects, *Journal of Environmental Economics and Management*, 18:50—65.

[64] Baumol, W. J. & Oates, W. (1988). The Theory of Environmental Policy, Cambridge University Press.

[65] Baumol, W. J. & Panzar, J. C. & Willig, R. D. (1982). Contestable Markets and the Theory of Industry Structure, New York: Harcourt Brace Jovanovich.

[66] Becker, R. A. (2001). Air Pollution Abatement Costs under the Clean Air Act: Evidence from the PACE Survey, Center for Economic, Studies Working Paper, 1—12.

[67] Becker, R. A. & Henderson, J. V. (2001). Costs of air Quality

Regulation In: Behavioral and Distributional Effects of Environmental Policy. National Bureau of Economic Research and The University of Chicago Press, Chicago, IL.

[68] Bemelmans-Videc Marie-Louise, Rist, R. C. & Vedung, E. (1998). Carrots, Sticks & Sermons: Policy Instruments and Their Evaluation, New Brunswick: Transaction Publishers.

[69] Berman, E. & Bui, L. T. M. (2001). Environmental Regulation and Productivity: Evidence From Oil Refineries, *The Review of Economics and Statistic*, 83: 498—510.

[70] Brunnermeier, S. B. & Cohen, M. A. (2003). Determinants of Environmental Innovation in US Manufacturing Industries, *Journal of Environmental Economics and Management*, 45: 278—293.

[71] Busse, M. (2004). Trade, Environmental Regulations and the World Trade Organization: New Empirical Evidence, *Journal of World Trade*, 38: 285—306.

[72] Carlton, D. W. & Perloff, J. M. (1990). Modern Industrial Organization, Little Brown, Glenview, IL.

[73] Christainsen, G. B. & Haveman, R. H. (1981). The Contribution of Environmental Regulations to the Slowdown in Productivity Growth, *Journal of Environmental Economics and Management*, 8: 381—390.

[74] Clapham, J. H. (1922). On Empty Economic Boxes, *Economic Journal*, 32: 305.

[75] Coase, R. H. (1937). The Nature of the Firm, *Economica*, 4: 386—405.

[76] Coase, R. H. (1960). The Problem of Social Cost, *Journal of Law and Economics*, 3: 1—44.

[77] Cole, M. A. (2004). Trade, the Pollution Haven Hypothesis and the Environmental Kuznets Curve: Examining the Linkages, *Ecological Economics*, 48: 71—81.

[78] Collins, A. & Harris, R. I. D. (2002). Does Plant Ownership Affect the Level of Pollution Abatement Expenditure?, *Land Economics*, 2: 171—189.

[79] Conrad, K. & wastal, D. (1995). The Impacts of Environmental Regulation on Productivity in German Industries, *Empirical Economics*, 20:

615—633.

[80] Coondoo, D. & Dinda, S. (2002). Causality Between Income and Emission-A Country Group-specific Econometric Analysis, *Ecological Economics*, 40: 351—367.

[81] Cramton, P. & Kerr, S. (2002). Tradable Carbon permit Auction: How and Why to Auction not Grandfather, *Energy Policy*, 30: 333—345.

[82] Dasgupta, S. & Laplante, B. & Hua, W. & Wheeler, D. (2002). Confronting the Environmental Kuznets Curve, *Journal of Economic Perspectives*, 16: 147—168.

[83] Davidson, J. E. H. & Hendry, D. F. & Srba, F. & Yeo, S. (1978). Econometric Modelling of the Aggregate Time-series Relationship between Consumers' Expenditure and Income in United Kingdom, *The Economic Journal*, 88: 661—692.

[84] Davis, K. & Lewis, M. (1992). Deregulation and Monetary Policy, in Current Issues in financial and monetary economics, London: Macmillan Education LTD.

[85] Dean, T. J. & Brown, R. L. (1994). Pollution Regulation as a Barrier to New Firm Entry: Initial Evidence and Implications for Future Research, The Academy of Management Journal:38, 288—303.

[86] Dean, T. J. & Brown, R. L. & Stango, V. (2000). Environmental Regulation as a Barrier to the Formation of Small Manufacturing Establishments: a Longitudinal Examination, *Journal of Environmental Economics and management*, 40:56—75.

[87] Denison, E. F. (1981). Accounting for Slower Economic Growth: the United States in the 1970s, *Southern Economic Journal*, 47:1191—1193.

[88] Domazlicky, B. R. & Weber, W. L. (2004). Does Environmental Protection Lead to Slower Productivity Growth in the Chemical Industry? *Environmental and Resource Economics*, 28:301—324.

[89] Ederington, J. & Levinson, A. & Minier, J. (2006). Trade Liberalization and Pollution Havens in: Fullerton, D. ed. The Economics of Pollution Havens, Elgar Publishers.

[90] Eskeland, G. S. & Harrison, A. E. (2003). Moving to greener pastures? Multinationals and the pollution haven hypothesis, *Journal of Development Economics*, 70:1—23.

[91] Fare, R. & Grosskopf, S. & Pasurka Jr, C. A. (2007). Pollution Abatement Activities and Traditional Productivity", *Ecological Economics*, 62:673—682.

[92] Fare, R. & Grosskoph, S. & Norris, M. & Zhang, Z. (1994). Productivity Growth, Technical Progress, and Efficiency Change in Industrialized Countries, *American Economic Review*, 84:66—83.

[93] Farzin, Y. H. & Jinhua Zhao (2003). Pollution Abatement Investment when Firms Lobby Against Environmental Regulation, Michigan State University, FEEM Working Paper.

[94] Fleishman, R. & Alexander, R. & Bretschneider, S. & Popp, D. (2009). Does Regulation Stimulate Productivity? The Effect of Air Quality Policies on the Efficiency of US Power Plants, Energy Policy, 11: 4574—4582.

[95] Forster, B. A. (1973). Optimal Capital Accumulation in a Polluted Environment, *Southern Economics Journal*, 39:544—547.

[96] Forster, B. A. (1980). Optimal energy use in a Polluted Environment, *Journal of Environmental Economics and Management*, 7: 321—333.

[97] Forsund, F. & Storm, S. (1988). Environmental Economics and Management: Pollution and Natural Resources, Croom Helm Press.

[98] Gollop, F. M. & Roberts, M. J. (1983). Environmental Regulations and Productivity Growth: the Case of Fossil-Fueled Electric Power Generation, *Journal of Political Economy*, 91:654—674.

[99] Granger, C. W. J. (1969). Investigation Causal Relation by Econometric Models and Cross-Spectral Methods, *Econometrica*, 37: 424—438.

[100] Granger, C. W. J. (1980). Testing for Causality: A Personal ViewPoint, *Economic Dynamics and Control*, 2:329—352.

[101] Gray, W. B. & Shadbegian, R. J. (2003). Plant Vintage, Technology, and Environmental Regulation, *Journal of Environmental Economics and Management*, 46:384—402.

[102] Gray, W. B. (1987). The Cost of Regulation: OSHA, EPA and the Productivity Slowdown, *American Economic Review*, 77:998—1006.

[103] Gray, W. B. & Shadbegian, R. J. (1995). Pollution Abatement

Cost, Regulation and Plant Level Productivity, Washington D. C, NBER Working Paper.

[104] Grossman, G. M. & Krueger, A. B. (1995). Economic Growth and the Environment, *Quarterly Journal of Economics*, 110:353—378.

[105] Gruver, G. W. (1976). Optimal Investment in pollution control capital in a neoclassical growth context, *Journal of Environment and Development*, 5:165—177.

[106] Hadri, K. (2000). Testing for Stationarity in Heterogeneous Panel Data Models with Fixed Coefficients, Mimeo, University Orleans.

[107] Hamamoto, M. (2006). Environmental Regulation and the Productivity of Japanese Manufacturing Industries, *Resource and Energy Economics*, 28:299—312.

[108] Harris, D. & Inder, B. (1994). A Test of the Null Hypothesis of Cointegration, in Nonstationary Time Series Analysis and Cointegration, Oxford: Oxford University Press.

[109] Hawdon, D. & Pearson, P. (1995). Input-Output Simulations of Energy, Environment, Economy Interactions in the UK, Energy Economics, 17:73—86.

[110] Howitt, P. (2005). Health, Human Capital and Economic Growth: a Schumpeterian Perspective, In: Health and Economic Growth. MIT Press.

[111] Hurlin, C. & Venet, B. (2001). Granger Causality Tests in Panel Data Models with Fixed Coefficients, Working Paper, University of Paris IX.

[112] Jaffe, B. & Peterson, S. R. & Portney, P. R. (1995). Stavins, Environmental regulation and the competitiveness of U. S. manufacturing: What does the evidence tell us? *Journal of Economic Literature*, 33: 132—163.

[113] Jaffe, A. & Palmer, K. (1997). Environmental Regulation and Innovation: A Panel Data Study, *Review of Economics and Statistics*, 4:610—619.

[114] Jaffe, A. B. & Stavins, R. N. (1995). Dynamic Incentives of Environmental Regulations: The Effects of Alternative Policy Instruments on Technology Diffusion, *Journal of Economics and Management*, 29:43—63.

[115] Jaffe, A. B. & Peterson, S. R. & Portney, P. R. & Stavins, R. N.

(1995). Environmental Regulation and the Competitiveness of U. S. Manufacturing: What Does the Evidence Tell Us?, *Journal of Economic Literature*,33:132—163.

[116] Jintao Xu & Hyde, W. F. & Amacher, G. (2003). China's Paper Industry: Growth and Environmental Policy During Economic Reform, *Journal of Economic Development*, 28:49—79.

[117] John, A. & Pecchenino, R. (1994). An Overlapping Generation's Model of Growth and the Environment, *The Economic Journal*, 104: 1393—1410.

[118] Jorgenson, D. W. & Wilcoxen, P. J. (1990). Environmental Regulation and U. S. Economic Growth, *Rand Journal of Economics*, 21: 314—340.

[119] Kao, C. & Chiang. M. H. (2000). On the Estimation and Inference of a Cointegrated Regression in Panel Data, *Advances of econometrics*, 15:179—222.

[120] Kearsley, A. & Riddel, M. (2010). A Further Inquiry into the Pollution Haven Hypothesis and the Environmental Kuznets Curve, *Ecological Economics*, 69: 905—919.

[121] Lanjouw, J. O. & Mody, A. (1996). Innovation and the International Diffusion of Environmentally Responsive Technology, *Research Policy*, 25:549—571.

[122] Lanoie, P. & Patry, M. & Lajeunesse, R. (2008). Environmental Regulation and Productivity: Testing the Porter Hypothesis, *Journal of Productivity Analysis*,30:121—128.

[123] Lee, M. (2008). Environmental Regulations and Market Power: The Case of the Korean Manufacturing Industries, *Ecological Economics*, 68: 205—209.

[124] Leontief, W. (1970). Environmental Repercussions and the Economic Structure-An Input-Output Approach, *The Review of Economics and Statistics*, 52:262—271.

[125] Levin, A. & Lin, C. F. & James Chu, C. S. (2002). Unit-Root Tests in Panel Data: Asymptotic and Finite Sample Properties, *Journal of Econometrics*, 108:1—24.

[126] Levin, A. & Lin, C. F. (1992). Unit Root Tests in Panel Data

Asymptotic and Finite Sample Properties, Discussion Paper, University of California at San Diego.

[127] Levin, A. & Lin, C. F. (1993). Unit Root Tests in Panel Data New results, Discussion Paper, University of California at San Diego.

[128] Levinson, A. (1996). Environmental regulations and manufactureers'location choices: Evidence from the Census of Manufacturers, *Journal of Public Economics*, 62:5—29.

[129] Low, P. & Yeats, A. (1992). Do Dirty Industries Migrate, In: low, P. (ED.), International Trade and the Environment, World Bank Discussion Paper, 159: 89—104.

[130] Lundqvist, L. J. (2001). Implementation from Above: The Ecology of Power in Sweden's Environmental Governance, *Governance*, 14: 319—337.

[131] Maddala, G. S. & Wu Shaowen(1999). A Comparative Study of Unit Root Tests with Panel Data and a New Sample Test, Oxford Bulletin of Economics and Statistics, 61:631—652.

[132] Mani, M. & Wheeler, D. (1998). In search of pollution havens? Dirty industry in the world economy: 1960—1995, *Journal of Environment and Development*, 7:215—247.

[133] Marshall, A. (1920). Principles of Economics, London, Macmillan.

[134] Matsumoto, S. (2001). Input Tax as a Remedy for Externality, Presented at the Annual Meeting of Japanese Economic Association.

[135] Morley, B. (2010). Environmental Protection and Economic Growth: Evidence from Panel Causality Tests, working paper.

[136] Neuberg, M. & Rabczenko, D. & Moshammer, H. (2007). Extended Effects of Air Pollution on Cardiopulmonary Mortality in Vienna, *Atmospheric Environment*, 41:8549—8556.

[137] Norsworthy, J. R. & Harper, M. J. & Kunze, K. (1979). The Slowdown in Productivity Growth: Analysis of Some Contributing Factors, *Brookings Papers on Economic Activity*, 79:387—421.

[138] Norsworthy, J. R. & Malmquist, D. H. (1983). Input Measurement and Productivity Growth in Japanese and U. S. Manufacturing, *American Economic Review*, 73:947—967.

[139] Panayotou, T. & Sachs, J. & Peterson, A. (1999). Developing Countries and the Control of Climate Change: A Theoretical Perspective and Policy Implication, CAER Ⅱ Discussion Paper No. 44.

[140] Panayotou, T. (1993). Empirical Tests and Policy Analysis of Environmental Degradation at Different Stages of Economic Development, ILO Technology and Employment Programme Working Paper.

[141] Pashigian, P. (1984). The Effect of Environmental Regulation on Optimal Plant Size and Factor Shares, *Journal of Law and economics*, 27: 1—28.

[142] Pautrel, X. (2009). Pollution and Life Expectancy: How Environmental Policy can Promote Growth, *Ecological Economics*, 68: 1040—1051.

[143] Pedroni, P. (2000). Fully Modified OLS for Heterogeneous Cointegrated Panels, *Advances in Econometrics*, 15:93—130.

[144] Pedroni, P. (2004). Panel Cointegrated: Asymptotic and Finite Sample Properties of Pooled Time Series with an Application to the PPP Hypothesis, *Econometric Theory*, 20:597—625.

[145] Perman, R. & Stern, D. I. (2003). Evidence from Panel Unit Root and Cointegration Tests that the Environmental Kuznets Curve does not Exist, *Australian Journal of Agricultural and Resource Economics*, 47: 325—347.

[146] Phillips, P. C. B. & Moon, H. R. (1999). Linear Regression Limit Theory for Nonstationary Panel Data, *Econometrica*, 67:1057—1111.

[147] Pittman, R. W. (1981). Issue in Pollution Control: Interplant Cost Differences and Economies of Scale, *Land Economics*, 57:1—17.

[148] Popp, D. (2006). They Don't Ivent Them Like They Used to: An Examination of Energy Patent Citations over time, Taylor and Francis Journals, 15: 753—776.

[149] Porter, M. E. & Van Der Linde, C. (1995). Toward a New Conception of the Environment-Competitiveness Relationship, *Journal of Economic Perspectives*, 9:97—118.

[150] Porter, M. E. (1991). America's Green Strategy, *Scientific American*, 264:168.

[151] Quah, D. (1994). Exploiting Cross-section Variations for Unit

Root Inference in Dynamic Data, *Economic Letters*, 44: 9—19.

[152] Ricci, F. (2007). Channels of Transmission of Environmental Policy to Economic Growth: a Survey of the Theory, *Environmental Economics*, 60:688—699.

[153] Ronald, J. & Shadbegian, R. J. & Gray, W. B. (2005). Pollution Abatement Expenditures and Plant-Level Productivity: a Production Function Approach, *Ecological Economics*, 54:196—208.

[154] Rose, A. (1983). Modeling the Macroeconomic Impact of Air Pollution Abatement, *Journal of Regional Science*, 4:441—459.

[155] Sancho, F. H. & Tadeo, A. P. & Martinez, E. (2000). Efficiency and Environmental Regulation: An Application to Spanish Wooden Goods and Furnishings Industry, *Environmental and Resource Economics*, 15:365—378.

[156] Sartzetakis, E. S. & Constantatos, C. (1995). Environmental Regulation and International Trade, *Journal of Regulatory Economics*, 8: 61—72.

[157] Scherer, F. M. & Ross, D. (1990). Industrial Market Structure and Economic Performance, 3rd ed. Houghton Mifflin, Boston, MA.

[158] Selden, T. & Song, D. (1995). Neoclassical Growth, the J Curve for Abatement, and the Inverted-U Curve for Pollution, *Journal of Environmental Economics and management*, 29:162—168.

[159] Selden, T. & Song, Daqing. (1994). Environmental Quality and Development—Is There a Kuznets Curve for Air Pollution Emissions? *Journal of Environmental Economics and Management*, 27:147—162.

[160] Shadbegian, R. J. & Gray, W. B. (2005). Pollution Abatement Expenditures and Plant-level Productivity: A Production Function Approach, *Ecological Economics*, 54:196—208.

[161] Shafik, N. (1994). Economic Development and Environmental Quality—An Econometric Analysis, *Oxford Economic Papers*, 46:757—773.

[162] Sims, C. A. (1980). Macroeconomics and Reality, *Econometrica*, 48:1—48.

[163] Sims, C. A. (1972). Money, Income and Causality, *American Economic Review*, 62:540—552.

[164] Smile, V. L. (1977). Control Theory Applied to Natural and Environmental Resources, *Journal of Environment and Development*, 4:

1—24.

[165] Stavins, R. N. & Jaffe, A. B. (1995). Dinamic Incentives of Environmental Regulations: The Effects of Alternative Policy Instruments on Technology Diffusion, *Journal of Economics and Management*, 29: S43—S63.

[166] Stewart,R. B. (1993). Environmental Regulation and International Competitiveness,*Yale Law Journal*,102:2039—2106.

[167] Swann, D. (1998). The Retreat of the State: Deregulation and Privatization in the UK and US New York, Harvester: Wheatsheaf, 14—21.

[168] Taylor, M. S. (2004). Unbundling the Pollution Haven Hypothesis", *Advances in Economic Analysis and Policy*, 2:1—26.

[169] Tobey, J. (1990). The Effects of Domestic Environmental Policies on Patterns of World Trade: an Empirical Test, *Kyklos*, 3:191—209.

[170] Toda, H. & Philips, P. C. B. (1993). Vector Autoregressive and Causality, *Econometrica*, 61:1367—1393.

[171] Torras, M. & Boyce, J. K. (1998). Income, Inequality, and Pollution: A Reassessment of the Environmental Kuznets Curve, *Ecological Economics*, 25:147—160.

[172] Vietor, R. (1994). Contrived Competition: Regulation and Deregulation in American, London: The Belknap Press of Harvard Press.

[173] Walter, I. & Ugelow, J. L. (1979). Environmental Policies in Developing Countries, *Ambi*, 8:102—109.

[174] Word Bank (1997). Five Years after Rio: Innovations in Environmental Policy, Environmental Sustainable Development Studies and Monograph Series, No. 18, Washington DC: Word Bank.

[175] Word Bank (1992). Word Bank Development Report 1992: Development and the Environment, Washington,DC.

[176] Xepapadeas,A. & Zeeuw,A. D. (1999). Environmental Policy and Competitiveness: the Porter Hypothesis and the Composition of Capital, *Journal of Environmental Economics and Management*,37:165—182.

后　　记

那一年，我 15 岁，怀着对未来的憧憬与希望，踏上了漫漫的求学之路。四川绵阳、江苏南京、首都北京、日本名古屋，都留下我学习与生活的痕迹。回首过去九年的异地求学生涯，不禁让我感叹人生时光易逝、世事无常和苦乐相伴。在即将打包学生生涯告别过去、整装待发迎接未来之际，我想到了一直关心、帮助我的老师、同窗、朋友和家人。

感谢老师

首先感谢我在中国人民大学的导师于同申教授，是于老师给了我进入中国人民大学经济学院攻读博士学位的机会，也是于老师在我读博的三年里时常从学业上指导我、生活上资助我、人生哲理上教育我。正是有了于老师的莫大帮助，我才能够在博士期间有精力和能力发表了十九篇论文，才能够完成毕业论文的写作并顺利通过答辩。特别忘不了撰写博士论文时"苦大仇深"的我，在写作遇到困难时于老师及时地指点迷津，让我拨云见日、豁然开朗，并和蔼风趣地以亲身经历教育我要杜绝焦虑，学会生活。恩师如父母，大恩不言谢，愿于老师好人一生平安。

感谢中国人民大学的杨志教授。不论是严格的传道授业，要求学生在博士期间读满一百本书；还是"亲人般"的谆谆教诲，教导我们要学会深入积累并在点上爆发；抑或是"朋友般"的生活相伴，无偿为学生提供各种学习和锻炼机会；等等，杨老师所做的一切都让学生铭记于心。

感谢日本爱知大学的古泽贤治教授，古泽老师是我在日本留学期间的日方导师。古泽老师在我留学期间严格地要求我，教授了我很多独特的分析视角和研究方法；时常教导我要乐观向上，做事掌握分寸，不能过于沉迷学术，以至于因在某些问题上想不明白而饱受思想上的折磨。特别记得老师办公室里数不清的图书和临别时暗带忧伤的神情，古泽老师，多保重！

感谢韩小明教授在开题答辩中对博士论文选题的重要帮助；感谢邱海平教授在日常生活中给予的人生教导；感谢王丹老师和李聪老师在博士生日常事务中给予的无私帮助；感谢张圣兵教授、何干强教授、钱书法教授、王云中教授在博士论文撰写过程中的关心和帮助。

还要感谢日本爱知大学的许多老师。感谢周星教授、张琢教授、加加美光行教授、高桥五郎教授、松冈正子教授、川井申一教授等,感谢他们在学业上的指导;感谢村田老师、铃木康浩老师和何文婕老师等ICCS老师及女铃木老师、梅田老师和塚田老师等教务科老师在日常事务上的关照和帮助。

感谢师兄师姐

在此特别感谢中国社会科学院经济研究所的郭路博士,感谢他在我博二和博三期间对我生活上的关心、学习上的帮助。正是有了郭师兄的关心和帮助,我才有幸将拙文发表在国内经济学的某一顶级杂志上。

感谢中国社会科学院人口与劳动经济研究所的陆旸博士,正是因为看了陆旸博士在《经济研究》2010年第3期的文章,才让我有了写作的灵感。陆师姐在我撰写论文之际还在思路、角度、信念上给予了莫大的帮助。

感谢国家工信部电信研究院的朱乾龙博士,朱师兄是我的同门师兄。至今依然记得在博一下学期时师兄在明德楼楼梯口对我论文写作的指导,告诫我一定要写文献综述、重视文献综述、写好文献综述。

还要真心地感谢内蒙古财经学院的赵秀丽博士。没有师姐在我博士入学考试前的专业课辅导,我是根本不可能考入中国人民大学的。师姐在博士论文和小论文写作上的指导和生活上的无私帮助也都让我感动和不能忘怀。

感谢同学朋友

我和中国人民大学的蔡万焕博士做了五年同学和挚友,从南财到人大,处处都有万焕的陪伴和帮助。感谢之情毋需多言,和万焕一起探讨学术、讨论人生的时候是最轻松、最快乐和最肆无忌惮的,真正做到了"Be Myself"。

感谢中国人民大学的张中元博士。张中元大哥为人真诚、坦荡,是他教会我使用Deap2.1来计算全要素生产率及其分解变量,是他在我论文返修时给予了宝贵的修改指导和帮助,可以说,张大哥是我学术道路上的又一位贵人。

感谢同门张欣潮博士的宝贵意见,感谢陈军博士的友情相助,感谢王梦友博士的高屋建瓴,感谢张洪国博士的不吝指教,感谢郭水文和刘鸿明博士的宿舍相让,感谢武靖州博士的英明领导,感谢许余杰博士的学术探讨,感谢李敏博士的论文合作,感谢王成志、骆帧、邓九根、周亚霆、刘卫霞等其他经济学博士班同学的三年陪伴,有你们的求学之路很丰富多彩。

我还要感谢我在日本爱知大学留学期间的中方同学。岂能忘怀和邢朝国、李婉君的出游和聚餐，怎能忘记和闫文博的夜半散步，还有和邓月影的动漫探，永远记得和李继伟、古泽老师的三人最后一聚。另外，李树燕、随红霞、刘成栋等博士的一年陪伴，在此一并表示感谢。

师妹、师弟中也有许多我需要认真感谢的人。首先是中国人民大学的陈慧慧师妹，感谢师妹日常生活上的关心和帮助，永远记得师妹从国内邮寄到日本的食品，所有种种都让我十分感动。祝福师妹即将开始的日本留学生涯一切顺利。其次还要感谢马晓飞、郭兆晖、陈博和郭强师弟，他们在我的博士生涯中也给予了很大的关心和帮助。

感谢父母

最后，我要真挚地感谢我的父母。感谢他们对我一直以来的默默支持和鼓励，他们对我的无私和宽容一直都是我前进的动力所在。记得八九年前家里因贷款担保的事情而出现经济危机，父母宁愿缩衣节食也不愿委屈我，大年三十之际母亲还用家里仅有的一千元现金给我买了一个文曲星和一件牛仔外套。文曲星我用了很多年，让没有语言天赋的我顺利通过了英语六级；牛仔外套我也穿了很多年，直到几乎捉襟见肘。父母对儿的点点滴滴，我当永远铭记于心！

虽然本书的主要内容是在中国人民大学攻博期间完成的，但我仍然要借此机会向南京财经大学的徐从才教授，人事处的孙月琴教授、丁书俊教授，发展规划处的张圣兵教授，科研处的尹敬东教授，经济学院的钱书法教授、王云中教授、赵春玲教授、李刚教授、郭存芝教授、刘志国教授、叶林祥教授等人致以诚挚的祝福，衷心感谢他们在我学术、就业和生活上给予的莫大帮助。

张　成

2012 年于南京财经大学